일본 화학의 개척자들

시바 데쓰오 지음
허 태 성 옮김

전파과학사

일본 화학의 개척자들*

* 이 책은 일본국제교류기금 출판조성사업의 지원을 받아
제작되었습니다

日本の化学の開拓者たち

원저자 : 芝哲夫
출판사 : 裳華房

© copyright 2006

편집위원회

시오다 미치오塩田三千夫 (오챠노미즈 여자대학お茶の水女子大學 명예교수)
후쿠오카 히사오福岡久雄 (도쿄 조가쿠칸 고등학교東京女學館高等學校 전 교장)
마스이 유키오增井幸夫 (간사이 여자단기대학關西女子短期大學 전 교수)
야마자키 아키라山崎昶 (일본 적십자간호 대학日本赤十字看護大學 전 교수)

일러두기

이 책은 『日本の化學の開拓者たち』(시바 데쓰오芝哲夫 지음, 쇼카보裳華房, 2006)를 완역한 것이다.

1. 일본의 인명, 지명 등은 일본어 발음을 외래어 표기법에 따라 우리말로 표기하고 그에 해당되는 한자 및 원어를 병치하였다. 단, 경우에 따라서는 한국 독자들이 쉽게 이해할 수 있도록 한자를 한국어 독음에 따라 표기하기도 했다.
2. 본문에 나오는 인명에 관해서는 독자의 편의를 위해서 별도로 찾아보기를 만들었다. 찾아보기는 가나다 순으로 엮었으며 본문의 해당 단어에 *표로 나타냈다.
3. 화학용어와 화합물명은 원문에 충실하였고, 필요한 경우에는 대한화학회에서 제정한 용어와 화합물명을 사용하였다.
4. 본문의 모든 주석은 독자의 이해를 위해서 옮긴이가 보충 설명한 것이다.

들어가는 말

21세기에 들어 인류의 미래에 많은 과제가 부상되었다. 석유 등의 화석 에너지는 금세기 중에 아마도 틀림없이 고갈될 것이다. 원자력에 의존하는 것도 불안하다. 태양 에너지 등의 자연 에너지를 항구적으로 이용하는 것이 바람직하다. 이산화탄소 증가에 의한 지구 환경문제의 대책은 초미의 문제임에도 불구하고 세계적인 해결의 전망은 없다. 산소와 수소에서 얻어지는 친환경적인 에너지 생산에 의한 연료전지의 실용화는 언제 경제적으로 실용화될 것인가?

한편, 문명의 가속도적 진전과 함께 건강에 관련된 지구 환경은 국가를 초월해서 운명공동체의 양상을 보이고 있다. 조류 인플루엔자의 전파가 그 일례이다. 국민의 식량을 반 이상 수입에 의존하고 있는 일본의 미래에는 이웃나라 중국의 경제 발전의 영향을 받아 식량 확보 문제로 서로 대항하는 날이 오지 않는다고는 할 수 없다.

이러한 다양한 지구의 미래, 일본의 미래에 대한 불안감에 대한 예측은 그 뿌리에 있어 모두 화학과 관련되어 있다. 에너지 문제, 자원 문제, 의약품 문제, 식량 문제 모두에 관련되면서 인간이 살아가기 위해서 중요한 물질을 가장 직접적으로 다루는 화학을 빼놓고는 그 방책도 세울 수 없다.

과거 17세기의 영국에 제철업이 흥했을 때 철광석의 환원제로 오로지 목탄이 사용되었다. 그 때문에 전 영국의 숲에 나무가 벌채되어 국내에서 목탄이 부족해지고 난방용 땔감도 부족한 위기가 찾아왔다. 그 위기를 구한 것은 화학 지식을 바탕으로 석탄에서 코크스를 발견한 것이었다. 또 19세기 말에는 식량 생산에 빼뜨릴 수 없는 질소비료의 공급원이었던 칠레초석이 고갈되어 인류에 기아가 찾아오는 것이 아닌가 하는 우려가 전 세계를 공포에 떨게 했던 적이 있었다. 그 칠레초석을 대신해서 새롭게 질소의 공급을 가능하게 한 것은 공중 질소고정이라는 화학 기술이었다. 이와 같이 화학의 힘이 인류가 처한 어려움을 구한 역사적 예는 얼마든지 있다.

그럼에도 불구하고 일본에서는 한 때 화학이라는 이름이 붙는 물질은 나쁜 것의 대명사처럼 취급되었으며 오늘날에도 그러한 주문이 완전히 풀렸다고는 할 수 없다. 물질도, 이를 다루는 학문이나 기술도, 이에 종사하는 사람이나 방법에 의해서 선이 되기도 하고 악이 되기도 한다는 것은 비단 화학에 한정하지 않아도 물리학도 생물학도 마찬가지이다. 중요한 것은 이에 관련된 사람의 마음과 예지이다. 21세기를 사는 인류는 사랑과 예지를 회복해서 지구 환경의 위기를 화학의 힘으로 극복해야만 하는 숙명을 짊어지고 있다. 물론 화학 이외에도 많은 분야의 기여가 불가결하지만 화학 없이는 그것이 불가능하다는 것도 자명한 사실이다. 지금처럼 화학의 힘이 요구되는 때는 과거 인류의 역사에 없었다고 생각된다.

그러한 미래의 화학의 역할을 생각할 때, 일본에 '화학'이 어떻게 생겨났고 전개되었는가를 알고 일본 화학을 구축하는 데 생애를 바친 사람들의 족적을 되짚는 것은 사고의 기반을 제공해 준다는 의미에서 중요하다고 생각한다. 선학先學들의 높은 의지와 깊은 노고의 자취를 앎으로써 일본이 바라보는 화학의 연구와 기술에 대한 시각도 달라질 것이다. 앞으로 일본을 짊어지고 나갈 젊은이들뿐 아니라 화학을 생애의 길로 정한 사람들에게 일본 화학의 탄생과 역사를 아는 것은 자신의 정체성으로서의 자신과 용기를 줄 것이다.

화학이라는 학문이 일본에서 아직 전혀 알려지지 않았던 막부幕府 말기에 우다가와 요안宇田川榕菴이라는 천재적 노력가가 많은 난서蘭書를 통해 미지의 새로운 학문을 탐구하고 이해해『세이미 개종舍密開宗』이라는 대저大著를 저술하여 비로소 화학을 일본에 소개하고 도입해 준 것은 기적에 가까운 행운이었다. 이후 훌륭한 많은 선학들이 화학을 일본에 정착시키는 데 큰 노력을 쏟았고, 그 때문에 근대화를 향한 일본에서 식산殖産, 민생, 공업에 중요한 기반을 구축해 주었다.

최근에 일본에 노벨 화학상 수상이 연이었다. 고 후쿠이 겐이치福井謙一 박사 (1981) 이후, 시라가와 히데키白川英樹 박사 (2000), 노요리 료지野依良治 박사 (2001), 다나카 고이치田中耕一 박사 (2002)의 연이은 수상으로 일본 화학의 연구 능력이 국내외에 알려졌다. 과학기술입국을 목표로 하는 일본에게 어울리는 영예였다. 그러나 이러한 인재와 성과가 하루아침에 이루어진 것은 아니다. 에도江戸 시대에서 메이지明治 시대에 걸친 선각자들의 노력에 의해 화학이 일본 땅에 정착된 결실이었다는 사실에 감회가 새롭다.

2003년 4월에 일본화학회가 창립 125주년을 맞이했을 때, 그 기념식전에 참석한 천황이 "일본 화학의 과거를 돌아볼 때, 오늘날과는 전혀 다른 척박한 환경에서 높은 뜻을 가지고 연구와 교육에 노력해 일본 화학의 발전을 위해서 길을 개척한 선구자의 노력을 떠올리게 됩니다."라는 감동적인 기념사를 진술했다. 그에 부응해서 '선구자들의 노력'의 역사를 『화학과 교육』 잡지에 연재하자는 의뢰를 필자가 받은 것이 이 책의 발단이 되었다.

12회 연재된 〈일본 화학을 개척한 선구자들〉 시리즈는 『화학 어카이브즈』 1권으로 일본화학회에서 출판되어 학회 회원 사이에 널리 읽혔다. 그 후 같은 취지의 내용을 일반인들이나 젊은 이들에게도 전하기 위해 이해하기 쉽고 흥미롭게 읽히도록 해설판을 낼 필요가 있다는 의견이 있어, 이에 부응하는 것이 필자의 책임으로 생각하게 되었다.

다른 분야, 예컨대 역사학이나 생물학 등의 연구 성과는 전문가 이외에도 전하는 대중적인 양서良書가 많이 출판되어 있다. 화학 분야에서도 최근에는 해설서가 다양한 방식으로 출판되고 있지만 일반인이 화학과 친숙하기 위해서는 화학 연구에 진력을 다한 사람들의 실제 인간상을 전하는 것도 중요하다고 생각된다.

사실은 지금부터 약 20년 전에 그러한 생각을 하고 필자에게 일본 화학사의 일반서를 집필하도록 권해 주신 분이 있었다. 당시 오사카부 과학교육센터에 계셨던 마스이 사치오增井幸夫 선생님이었다. 그 고마운 제안을 받고, 필자의 오랜 태만에도 포기하지 않고 기다려 주신 마스이 선생님과, 쇼카보裳華房의 고지마

도시테루小島敏照 씨의 후정厚情과 인내 없이는 이 책이 이루어질 수 없었다. 두 분께 다시 한 번 깊이 감사드린다. 이 책이 그러한 기대에 부응하는 것이 되었는지 어떤지를 걱정하면서 붓을 놓는다.

　이 책이 일본 화학의 선각자들의 강한 열정과 큰 노력의 궤적을 전할 수가 있어서 그것이 계기가 되어 화학의 전통을 이어 인류의 행복에 도움이 되는 일에 생애를 바치고자 하는 젊은이들이 나오는 데 조금이라도 도움이 된다면 행복하겠다.

2006년 9월

시바 데쓰오

차 례

들어가는 말 ··· 6

1. 일본의 화학은 우다가와 요안에 의해 시작되었다 ················· 13
2. '화학'이라는 말을 처음 사용한 가와모토 고민 ····················· 25
3. 나가사키에서 반 덴 브룩의 화학 전수 ····························· 35
4. 일본 최초의 화학 강의록 『폼페 화학서』 ··························· 42
5. 일본 사진술의 시조 우에노 히코마 ································· 48
6. 일본 최초의 외국인 화학교사 하라타마 ····························· 55
7. 오사카에 개설된 세이미국 ··· 60
8. 세이미국에서 키워낸 일본 화학의 개척자들 ······················· 67
9. 교토 세이미국을 설립한 아카시 히로아키라 ······················· 75
10. 우쓰노미야 사부로가 일본에서 화학공업을 개척하다 ·········· 81
11. 일본의 제철사업을 시작한 오시마 다카토 ······················· 87
12. 일본 화학의 발족에 공헌한 정부 고용 외국인들 ················· 93
13. 일본의 화학회를 만든 사람들 ··································· 106
14. 화약으로 일본을 구한 화학자 시모세 마사치카 ················· 114
15. 세계 처음으로 호르몬을 결정으로 분리한 다카미네 조키치
 ··· 119
16. 일본의 약학을 개척한 나가이 나가요시 ······················· 129
17. 우마미의 화학성분 '아지노모토'를 발견한 이케다 기쿠나에
 ··· 136

11

18. 최초로 비타민을 발견한 스즈키 우메타로 ···························· 145

찾아보기 ··· 153
참고문헌 ··· 180
색인 ·· 184
옮긴이 후기 ·· 187

1. 일본의 화학은 우다가와 요안에
의해 시작되었다
— 『세이미 개종』 —

일본의 화학은 난학자蘭學者[1]에 의한 네덜란드 서적의 연구에서 비롯되었다. 일본에서는 고래부터 전통적인 제작법으로, 예를 들어 불상의 주조, 일본도의 단조鍛造, 술 빚기, 의류의 염색, 철포鐵砲의 연초煙硝[2] 제작 등 화학적 기술이 전해져 왔다. 그러나 이는 학문으로서 화학의 뒷받침이 없었기 때문에 물질에 대한 과학적 이해로 연결되는 것은 아니어서 일본의 근대화를 위해 도움이 되는 것은 아니었다. 자연과학으로서 일본의 화학은 네덜란드에서 막부에 직수입되어 이식되면서 비롯되었다.

---

1) 난학자蘭學者 : 난학은 에도 중기 이후 네덜란드어로 기록된 서양의 학술과 문화를 연구하던 학문을 말하는데, 사숙을 열어 난학 교육에 종사한 사람들을 난학자라 일컫는다. 의학에 관해서 난학을 실천하는 의사를 한방의에 대한 난방의蘭方医라고 한다. 난방의가 난학자인 경우가 많지만 네덜란드식 의학을 배우기만 한 난방의는 난학자에 포함되지 않는다. 또 네덜란드어 통역관은 난학에 대해 학문적으로 공헌한 경우에는 난학자라 할 수 있다. 막부 말기의 개국 후에는 '양학자洋學者'라는 명칭이 일반적이었다.
2) 연초煙硝 : 질산 칼륨을 말한다.

쇄국을 지속하고 있던 에도江戸 시대3)의 일본에 세계로부터의 정보 유입은 서구 중에 유일하게 교역이 허락되었던 네덜란드에 의해 나가사키長崎의 데시마出島4)라는 작은 창구를 통해서 들어왔다. 그 중에는 18세기 초 무렵부터 유럽에서 흥성했던 자연과학 서적도 포함되어 있었다. 막부도 쇼군將軍 도쿠가와 요시무네德川吉宗* 시대부터는 양학洋學의 중요성을 인식하여 학자에게 네덜란드 서적을 공부하도록 허가했다. 이에 의해 이른바 난학이라는 새로운 학문분야가 일본에 발흥하여 일본의 독특한 난학자 그룹이 생겨나게 되었다.

스기타 겐파쿠杉田玄白', 마에노 료타쿠前野良澤* 등의 난학자들이 에도江戸5) 고즈카바라小塚原의 형장刑場에서 시체를 해부하는 데 입회하고는, 그들이 입수한 난서蘭書 『타펠 아나토미아Tabulae Anatomicae』(1743)라 불린 인체 해부서의 정확도에 놀랐다. 이 책은 독일의 요한 아담 쿨무스Johann Adam Kulmus의 『아나토미쉐 타벨렌Anatomische tabellen』의 네덜란드 번역서였다. 이것이 계기가 되어 사전도 없는 시대에 고심하며 번역해 1774년에 『해체신서解体新書』라는 이름으로 세상에 나온 것이 난학의 시작이라 일컬어진다.

---

3) 에도江戸 시대 : 도쿠가와 이에야스德川家康가 정이대장군征夷大將軍에 임명된 1603년부터 도쿠가와 요시노부德川慶喜가 태정봉환大政奉還해서 쇼군직將軍職을 사임한 1867년까지. 에도(현재 도쿄)에 도쿠가와 막부德川幕府(에도 막부江戸幕府)가 존속된 265년간. 도쿠가와德川 시대

4) 데시마出島 : 나가사키시長崎市의 지명. 1634년 에도 막부가 나가사키 상인에게 명하여 나가사키항長崎港 내에 지은 4천 평 정도의 부채꼴 작은 섬. 처음에는 포르투갈 사람들을 살게 했고 나중에 히라도平戸의 네덜란드상관을 이전시켰다. 1868년에 매립되어 현재는 시가지의 일부를 이루고 있다.

5) 에도江戸 : 도쿄의 옛 이름

〈그림 1·1〉 우다가와 요안 초상(교우 서옥杏雨書屋 소장)

이처럼 일본에서 근대적인 서구학문은 서양 의학의 소개로부터
시작되었다.

『해체신서』는 눈으로 보아서 알 수 있는 인체의 해부도로서
네덜란드 서적을 번역한 것이었지만, 난학자들은 서양의학을 공
부하는 동안에 다양한 병에 대한 생각과 지식이 한방 의학과
다르며 크게 진보해 있다는 사실과, 그때까지 일본에 없었던 새
로운 약이 많이 사용되고 있다는 사실을 알게 되었다. 겐즈이玄
隨, 신사이榛齋, 요안榕菴 3대로 이어진 난학자 집안인 우다가와宇田
川 집안에서는 서양 의학 가운데서도 내과학을 일본에 도입하는
것에 가업의 차원에서 힘을 쏟았다. 신사이가 1820년에 저술한
『오란다 약경和蘭藥鏡』이라는 서양 약물학을 소개한 책은 양자養子
인 요안〈그림 1·1〉의 교정에 의해 간행되었다. 요안은 서양

〈그림 1·2〉『세이미 개종舍密開宗』 초편

약물학은 일본의 본초학本草學6)과는 다른, 자연과학으로의 식물학이라는 사실을 간파하고 1833년에 『식학계원植學啓原』이라는 책을 저술해 일본에 처음으로 서양 식물학을 소개하였다.

또한 요안은 약물학을 연구하던 가운데 아직 일본에 알려져 있지 않은 화학이라는 학문이 서양에 있다는 사실을 일본인으로서 처음으로 알게 되었다. 그때부터 요안은 남은 반생을 화학을 일본에 소개하고 이식하는 데 정열과 노력을 기울였다. 요안은 당시 입수할 수 있었던 많은 네덜란드 화학 서적을 독파하고 이를 정리해서 내편 18권, 외편 3권, 합하여 전 21권으로 구

---

6) 본초학本草學 : 중국 고래의 식물을 중심으로 하는 약물학. 500년경 도홍경陶弘景이 엮은 『신농본초神農本草』가 초기 문헌으로 명나라의 이시진李時珍이 『본초강목本草綱目』으로 집대성했다. 일본에는 헤이안平安 시대에 전해졌으며 에도 시대에 전성기를 이루어 중국의 약물을 일본산으로 대신하는 연구로부터 박물학博物學·물산학物産學으로 발전했다.

성된 대저 『세이미 개종舍密開宗』〈그림 1·2〉을 저술하여 1837년부터 10년 동안에 간행했다.

요안은 우선 화학을 의미하는 네덜란드어인 Scheikunde 또는 Chemie를 어떻게 일본어로 번역하면 좋을까 하고 고민을 거듭한 끝에 Chemie의 음역 '세이미'에 '舍密'라는 한자를 대응시켰다. '舍'와 '密'에 깊은 의미는 없으며 오늘날의 가타카나カタカナ 감각으로[7] 이 말을 사용했다. 또한 요안은 Scheikunde에 상당하는 '분석학', '분리학' 혹은 화학의 본질을 간파해서 분석과 합성을 함께 의미하는 '이합학離合學'이라는 이름도 별도로 사용했다. 『세이미 개종』의 영향으로 '세이미舍密'라는 말이 막부 말기에는 널리 유포되어 있었지만, 메이지明治 시대[8]에 들어서는 점차 '화학'으로 대체되었다.

앞서 언급한 대로 『세이미 개종』은 20여종의 네덜란드 서적을 참고로 해서 저술한 것인데, 그 주요한 저본底本으로는 영국의 헨리W. Henry의 저서 『화학요론化學要論』을 독일의 트롬스도르프 J. B. Trommsdorff가 독일어로 번역한 것을 다시 네덜란드의 이페이A. Ypey가 네덜란드어로 번역한 『초심자를 위한 화학』이라는 난서였다. 그러나 『세이미 개종』은 이 책을 단순히 번역한 것이 아니라 다른 서적의 지식과 함께 요안의 이해도 가미되어, 계통적으로 볼 때 격조가 높은 화학 입문서로 요안의 독자적인 저서라고 말해도 좋다. 또한 이 책에는 많은 실험장치의 그림도 삽

---

7) 현대 일본어에서 가타카나는 주로 외래어를 표기할 때 사용된다. 따라서 '가타카나 감각'이라는 것은 외래어의 음을 한자를 사용해서 표기한다는 것인데 우리나라의 이두를 떠올리면 쉽게 이해할 수 있다.

8) 메이지明治 시대 : 메이지明治 천황 재임 기간. 1868년~1912년

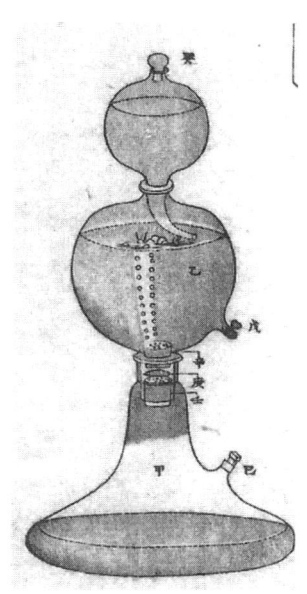

〈그림 1·3〉『세이미 개종』에 수록된 키프Kipp의 수소 발생 장치9)도

입되어 있다 〈그림 1·3〉. 오늘날 학교에서 배우는 화학 실험이라는 것도 이 책에서 비롯되었다고 할 수 있다.

요안은 1838년, 난서에 따라서 보메A. Baume의 방법에 의한 은나무銀樹를 만드는 실험을 실시했다 〈그림 1·4〉. 질산은의 묽은 용액에 콩알 크기의 은과 수은의 아말감 덩어리를 유리병 속에 넣어 책상 위에 놓아두고 양아버지인 신사이의 산소에 갔다. 해가 저문 뒤 귀가하여 옷을 갈아입을 겨를도 없이 등불을 밝히

---

9) 키프Kipp의 수소 발생 장치 : 키프의 가스 발생기Kipp's gas generator라고도 불린다. 덩어리 상태의 고체 시료와 액체 시료를 반응시켜 기체를 발생시키기 위한 장치. 네덜란드의 이화학 기기 제작자인 페트루스 야코부스 키프Petrus Jacobus Kipp(1808~64)가 고안한 것으로, 취급이 편리하게 되어 있어 실험실에서 소량의 기체를 발생시킬 때 사용한다.

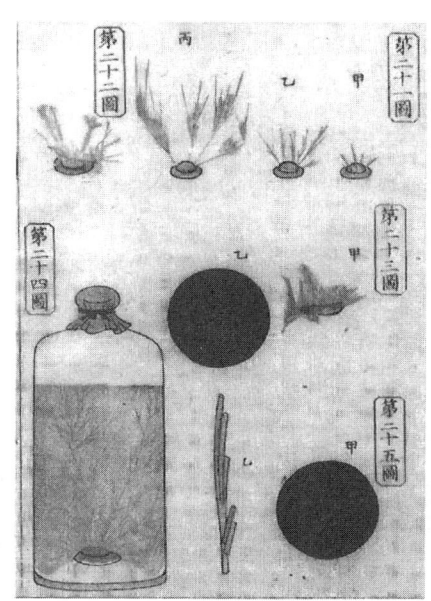

〈그림 1·4〉『세이미 개종』에 수록된 은나무 그림

고 그 병을 보자, '은나무'가 눈을 뒤집어 쓴 나무처럼 훌륭하게 성장해 있어 그 아름다움에 잠시 넋을 잃었다고 『세이미 개종』에 쓰여 있다.

　요안은 이 책을 저술하는 데 있어서 일본어 표현에 많은 고심을 거듭했다. 그때까지 일본 말에 해당되는 것이 없는 화합물 이름과 개념에 그 의미를 생각해서 새로운 일본어를 대입시키지 않으면 안 되었다. 오늘날 우리가 일상적으로 널리 사용하고 있는 원소명, 화합물명, 화학 조작명 등에는 이때 요안에 의해 처음 만들어진 것이 많다. 예를 들어 원소인 산소, 수소 및 질소의 이름도 요안이 창작한 것이다.

　'산소酸素'는 신맛酸의 요소素라는 의미의 네덜란드어가 일본어로 번역된 것이다. 그 이름은 산소를 발견한 프랑스의 라보아지에A. L. de Lavoisier의 명명에 근거하고 있다. 라보아지에는 신맛인 산의 분자에는 반드시 O가 포함되어 있다고 생각해서 '신맛의 요소'라는 의미의 프랑스어 oxygéne를 도입했는데, 나중에 신맛의 요소는 O가 아니라 H라는 사실을 알게 되었다. 물은 H와 O로 구성되어 있기 때문에 오히려 H가 산소이며 O는 수소라고 해야만 했다. 즉 의미로 본다면 산소와 수소의 명명은 반대였다. 그러나 이는 요안의 잘못이 아니라 프랑스어, 영어, 독일어를 거쳐 네덜란드어까지 모두 O에는 산소, H에는 수소의 의미를 도입시키고 있기 때문이었다. 요안은 충실하게 그 네덜란드어인 sauerstof를 그대로 일본어로 번역하여 산소로 한 것이다. 오늘날 우리는 그러한 점을 알지 못한 채 시지도 않은 공기의 한 성분을 산소라 부르고 있다.

식염의 화학명은 염화나트륨이라고 한다. 이 명명법도 사실은 요안에서 시작된 것이다. 요안은 『세이미 개종』에서 硫酸[10], 硫酸銅[11], 醋酸鉛(サクサンナマリ)[12], 硫酸曹達(リユラヤンシ一タ)[13], 消酸加里(ミヨラサンカリ) 등의 무기화합물 이름을 처음 사용했다. 醋酸은 酢酸[14], 曹達은 나트륨, 消酸은 硝酸[15], 加里(カリ 혹은 カリウム)는 칼륨이다. 당시와 한자는 달라졌다고 해도 이러한 무기염의 명명 방식은 그대로 오늘날의 무기화합

---

10) 황산을 말한다.
11) 황산구리를 말한다.
12) 아세트산납lead acetate을 말한다.
13) 황산나트륨을 말한다.
14) 아세트산acetic acid을 말한다.
15) 질산을 말한다.

물 이름에 사용되고 있다. 예를 들어 硫酸曹達은 황산나트륨, 消酸加里는 질산칼륨으로 되어 있다. 한편, 염화나트륨의 경우, 영어명은 sodium chloride로 양이온-음이온의 순서로 되어 있는데 프랑스어나 독일어에서도 이와 같은 순서이다. 일본어의 염화나트륨만이 음이온-양이온으로 그 순서가 반대로 되어 있다. 왜 요안이 만든 이름은 반대가 되었을까? 그것은 요안 시대의 네덜란드 화학서에 chloor sodium이라고 되어 있는 것을 요안이 그대로 일본어로 옮겼기 때문이다.

그 밖의 원소명과 화합물명, 예를 들어 코발트, 니켈, 암모니아, 알코올 등의 이름을 하나하나 그 의미를 생각해서 산소나 수소처럼 새로 일본어로 만들어 대체하자면 엄청나게 힘들어진다. 요안은 이에 대해서 箇拔爾多(코바르트), 尼結爾(니케루), 諳模尼亞(암모니아), 亞爾箇兒(아루코루)라는 한자를 오늘날의 가타카나처럼 사용한 음역명을 사용했다.[16] 이것이 오늘날 코발트, 니켈, 암모니아, 알코올로 정착되었다. 이처럼 화학용어를 일본어로 번역하는 데 있어서 요안은 상담할 상대도 없는 상태에서 일본어 명명 시스템을 만들어 냈다. 만약 요안이 많은 화합물의 번역명에 오늘날 중국어 화학용어와 같은 특별한 일본명을 사용하는 방법을 취했더라면, 그 후 폭발적으로 증가한 유기화합물명의 번역 때문에 후손인 우리는 매우 고생했을 것이다. 이를 생각하면 화합물명에 관해서만도 요안에게 감사해야만 한다.

그밖에 현재 일상적으로 사용되고 있는 말, 예컨대 산화, 환

---

16) 앞서 세이미舍密에서 언급한 바와 같이, 이두처럼 한자의 음을 빌려서 외래어를 표기했다는 의미이다.

〈그림 1·5〉 다이안사泰安寺의 우다가와 요안 묘

원, 결정, 시약 등 많은 화학용어도 이때 요안에 의해 창작된
것이다. 또 '전분澱粉'이라는 말은 신문이나 교과서에 빈번히 사
용되고 있는데, 이 말도 요안에 의해 만들어진 말이며, 이는 물
에 용해되지 않고 가라앉는澱 가루粉라는 의미의 네덜란드어
zetmeel이라는 말의 의역이다. 즉 오늘날 화학용어 가운데는 본
래 일본어가 아니라 네덜란드어에 유래한 것이 있다. '전분'의
영어는 끈적거린다는 의미의 starch로, 네덜란드어와는 다른 어
원의 말이며 독일어도 이와 마찬가지이다. 이렇게 보면, 일상에
서 우리가 인식하지 못한 채 사용하고 있는 화학용어에는 영어
나 독일어가 들어오기 전 난학 시대의 역사적 자취가 남아 있
다.

〈그림 1·6〉 쓰야마 양학자료관津山洋學資料館 앞에 있는
우다가와 요안의 흉상

『세이미 개종』은 식물성분 부분을 제외하고 대부분이 무기화학 서술로 끝난다. 사실 그 후에 요안은 유기화학과 생물화학 분야의 집필을 시도하며 출판을 위한 초고를 남겼지만, 갑작스레 1846년 6월 22일, 만 48세의 짧은 생애를 마쳤다. 천재적이라고도 할 수 있는 우다가와 요안의 학문적 재능 덕분에 일본의 화학은 무사하고 무난한 출항을 할 수 있었다. 요안의 업적에 의해서 화학뿐 아니라 과학적인 자연관이 일본에 전해졌고, 이는 근대화를 향한 메이지 일본의 자연과학 발전에 큰 공헌을 했다.

요안은 1798년 3월 9일 오가키大垣의 번의藩医인 에자와 요주江澤養樹의 아들로 태어나 에도에서 성장했지만, 자라서 우다가와 신사이의 양자가 되고 쓰야마번津山藩의 번의가 되어 에도 가지바시鍛治橋의 번저에서 생애를 보냈다. 사망 후 에도의 아사쿠사淺草 세이간사誓願寺에 매장되었고, 묘는 다마 영원多磨靈園으로 옮겼는데, 근년에 다시 우다가와 집안 3대의 묘가 오카야마현岡山縣 쓰야마시津山市의 다이안사泰安寺로 옮겨졌다 〈그림 1·5〉. 쓰야마 양학자료관津山洋學資料館 문 앞에는 그의 흉상 〈그림 1·6〉이 서 있다.

2. '화학'이라는 말을 처음 사용한 가와모토 고민

　독학으로 일본의 화학 창건기를 구축한 우다가와 요안이 일찍 사망했기 때문에 모처럼 일본에 밝혀진 화학의 등불이 그대로 꺼져버리는 것은 아닌가 하고 난학자들은 걱정했다. 그러나 얼마 후 요안을 계승할 일본 화학의 개척자가 나타났다. 효고兵庫 미타번三田藩 출신으로 에도의 난학자 그룹에 합류한 가와모토 고민川本幸民 〈그림 2·1〉이었다. 고민은 1861년에 『화학신서化學新書』〈그림 2·2〉 3권을 저술해 당시 최신의 서양 화학을 일본에 도입했다. 이 책의 원서는 독일의 스토크하르트J. A. Stöckhardt의 화학서 『화학의 학교Die Schule der Chemie』인데, 이를 네덜란드의 거닝 J. W. Gunning이 네덜란드어로 번역한 것을 고민이 다시 일본어로 번역한 것이다.

　『화학신서』에 의해 일본에 비로소 '화학化學'이라는 일본어가 생겨났다. 사실 이 말은 고민의 창작이 아니라 당시 막부의 번서조소蕃書調所17)에 근무하여 일본인으로는 외국 서적을 가장 먼

---

17) 번서조소蕃書調所 : 에도 말기, 막부가 양학 교육 및 서양서·외교 문서
　　의 번역 등을 위해 세운 기관. 1855년 양학소洋學所로 설립되어 이듬해

〈그림 2·1〉 가와모토 고민의 초상 (교우 서옥杏雨書屋 소장)

저 볼 수 있는 환경에 있던 고민이 중국의 『육합총담六合叢談』 (1857)과 『중학천설重學淺說』(1858) 등에 '화학'이라는 말이 나오는 것을 처음 알고, 이 말을 '세이미舍密'에 대신해서 자신의 번역서 제목에 사용한 것이었다.

『화학신서』는 고민의 생존한 동안에는 출판되지 않았지만, 번서조소에서 양서조소洋書調所 그리고 개성소開成所로 발전한 당시 일본 유일의 자연과학 연구기관에서 이 책의 사본이 화학 교육용으로 사용되었다. 이 책은 1998년에 처음으로 사진 복각본이 화학사학회에서 발행되었다.

『화학신서』의 제1,2권은 무기화학無機化學이며, 제3권은 유기화학有機化學으로 되어 있다. '유기화학'이라는 일본어도 이 『화학신서』에서 비롯되었다.

───────────────

번서조소로 개칭되었다. 후에 양서조소洋書調所를 거쳐 개성소開成所가 되었다.

〈그림 2·2〉『화학신서化學新書』(화학사학회, 1998)

　'유기화학'이라는 일본어가 탄생된 데에는 다음에 언급하는 바와 같은 사정이 있었다. 화학의 대상이 되는 물질 가운데는 생물에서 만들어진 것이 있는데, 이는 기능성을 갖는다는 의미의 네덜란드어 bewerktuigde라 불렸다. 일본에 처음 화학을 소개한 우다가와 요안은 이 말을 '기성機性'이라 번역했다. 이에 반해서 광물 등 생명이 없는 것에서 얻어지는 것에 대한 용어로 사용된 onbewerktuigde은 bewerktuigde의 부정형으로 '무기성無機性'이라는 일본어를 사용하였다.

　가와모토 고민이 '화학'이라는 말을 처음 도입했을 때 '무기성'과 '화학'을 연결시켜 '무기체화학無機体化學'이라 한 것이 '무기화학無機化學'의 시발이다. 따라서 '기성'의 '화학'은 '기체화학機体化學' 또는 '기화학機化學'이 되어야 했지만 고민은 '기화학機化學'이라는 말이 일본어로 안정적이지 않다고 생각했는지, 유무의 균형

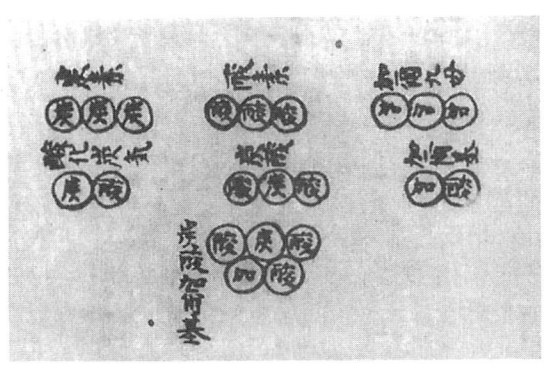

〈그림 2·3〉『화학신서』에 수록된 분자도 (화학사학회, 1998)

을 고려해서 '有'라는 자를 앞에 붙여 '유기체화학有機体化學'이라고 했다. 여기에서부터 오늘날의 '유기화학'이라는 말이 시작되었다. 오늘날의 서구어, 예를 들어 영어를 보더라도 inorganic에 대한 것은 organic으로 '유有'에 상당하는 말은 없다. 독일어, 프랑스어도 마찬가지로 '유'라는 말을 붙인 것은 일본의 독자적인 표현이었다.

무기화학 부部에서 고민은 요안의 명명법을 답습해서 산소, 수소, 질소, 탄소 등의 비금속명은 그대로 사용하고, 금속명, 예를 들어 朴篤遏叟母(보토아슈무 Potassium) 즉 칼륨, 曹靑母(소쥬무 sodium) 즉 나트륨, 麻倔涅叟母(마구네슈무 magnesium), 亞律密紐母(아루미뉴무 aluminum) 등 한자를 표음문자로 적용했다. 그러나 금속 중에서도 鐵, 銅, 錫 등은 예부터 쓰인 일본어가 그대로 사용되었다. 요안에 의해 만들어지고 고민에 의해 보급된 일본어로서의 원소 명명법에는 표의문자인 한자가 표음문자로 사용되었는데, 이러한 방식은 가타카나로 대체되어 오늘날에도 이어지고 있다.

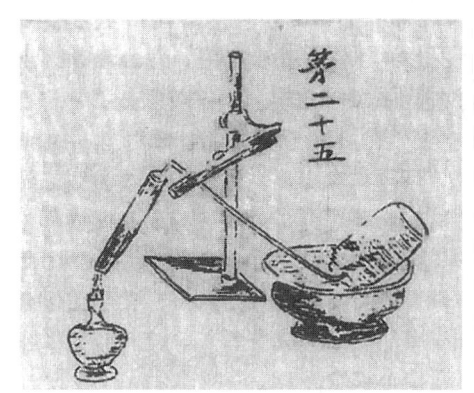

〈그림 2·4〉 산화수은에서 산소를 얻는 그림
－『화학신서』(화학사학회, 1998)에서

그러나 『화학신서』에는 『세이미 개종』에 없는 새로운 시도가 나타난다. 이는 분자식의 도입이다. 오늘날의 C, H, O 등의 원소기호에 '炭', '水', '酸'이라는 한자가 사용되었다. 예를 들어 醋 (酢) 酸[18]은 炭四水四酸三 ($C_4H_4O_3$), 酒石酸[19]은 炭四水四酸五 ($C_4H_4O_5$)라 표기했다. 지금 보면 계수가 틀렸다. 정확하게는 醋酸은 $C_2H_4O_2$, 酒石酸은 $C_4H_6O_6$이지만, 아무튼 일본어 문장 가운데 분자식의 표현이 나타나는 것은 이 책이 처음이다. 또한 『세이미 개종』에는 없었던 당량과 비중의 개념이 『화학신서』에 나온다. 단, 여기에는 각각 '越九重等', '本重' 등 오늘날 익숙지 않은 말이 사용되었다. 그러나 이 책을 특징짓는 것은 무엇보다도 원자, 분자의 개념이 처음 설명되었다는 점이다. 〈그림 2·3〉은 『화학신서』에 나오는 '單亞多面' (단 아토무[20], 원자)에서

---

18) 醋 (酢) 酸 : 아세트산을 말한다.

19) 주석산酒石酸 : 타르타르산 tartaric acid을 말한다.

20) 單+atom

'複亞多面' (복 아토무21), 분자) 가 형성되는 설명도이다.

『화학신서』에서는 많은 새로운 화학용어를 일본어로 만들어야 했다. '단백蛋白'이라는 말이 처음 나온다. 이는 네덜란드어의 eiwit의 역어인데 ei는 난卵이며 wit는 백白이기 때문에 지금이라면 '난백卵白'이라고 번역해야겠지만, '卵'은 상형문자로 남성의 성기를 나타내는 의미가 있다는 점을 고민은 알고 있었다. 이를 기피해서인지 '卵' 대신 새의 알을 의미하는 '단蛋'이라는 한자가 사용되었다. 단백체 즉 오늘날의 단백질이라고 하는 일본어는 이렇게 해서 만들어졌다. 그밖에 '포도당葡萄糖', '자당蔗糖', '빙초氷醋', '유제乳劑', '요소尿素' 등 오늘날 사용되는 용어도 이 책에서 처음 사용되었다.

고민은 네덜란드 서적으로부터 이 『화학신서』를 번역했을 뿐 아니라 그 가운데 쓰여 있는 내용을 실제로 실험해 보아, 일본에서 처음으로 맥주 제조, 성냥 제작, 은판 사진 등을 실험했다. 『화학신서』의 '맥주麥酒' 항에 있는 맥주 제법을 연구하여 드디어 일본 최초로 맥주를 만드는 데 성공하고는 부인의 아버지인 난학자 아오치 린소靑地林宗*의 묘가 있는 아사쿠사 소겐사曹源寺에서 시음했다고 전해진다.

1853년에 페리가 우라가浦賀에 내항했을 때 접대를 맡은 막부의 관리가 흑선黑船22) 위에서 맥주라는 음료를 처음으로 대접받았다. 고민은 그 이야기를 듣고 맥주를 시험 양조해볼 생각을 하고는 로게쓰초露月町 자택의 정원에 가마를 만들어 『화학신서』

---

21) 復+atom

22) 흑선黑船 : 근세 일본에 찾아온 서구의 범선. 범체를 검게 칠했기 때문에 명명된 이름. 막부 말기에는 서양형의 선박 전체를 일컬었다.

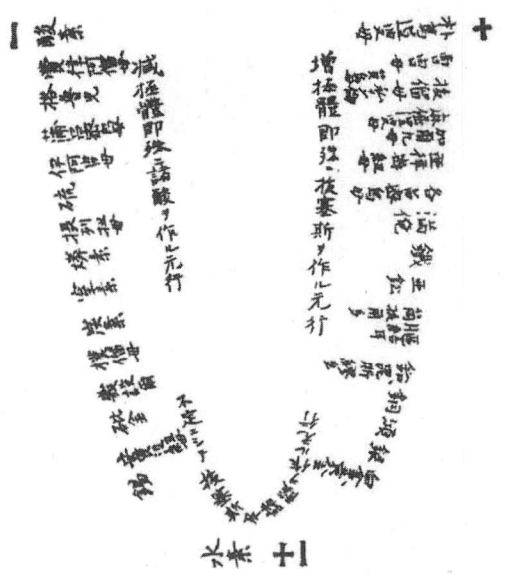

〈그림 2·5〉 산염기의 친화력 순서도
-『화학신서』(화학사학회, 1998)에서

'맥주' 항의 기술을 참고로 해서 실제로 맥주 양조를 시험했다. 맥주 양조에 없어서는 안 되는 맥아는 아마도 일본에서 생산된 환삼덩굴을 대용했다고 생각된다. 과연 일본 최초의 맥주는 어떤 맛이었을지 궁금하다.

인燐을 사용한 성냥의 제법도 『화학신서』에 나온다. 고민은 의업도 겸하고 있었는데, 어느 날 환자의 집을 왕진한 다음 잡담으로 서양에서는 성냥이라고 하는 편리한 발화제가 사용되고 있다고 말했다. 이를 듣고 있던 손님 중 한 사람이 믿지 않고 정말 그런 것을 만들 수 있다면 50냥(현재 화폐로 환산하면 약 400만 엔에 상당한다)을 주겠다고 말했다. 고민은 집에 돌아와 『화학신서』의 방법에 따라 며칠이나 걸려 드디어 일본 최초의 성냥을 만들어 냈다. 이를 그 손님에게 가져가 눈앞에서 문질러 발화시키고는 약속한 돈을 요구했다. 손님이 그것은 농담이었다고 하며 도망치려 하는 것을 용서치 않고 결국 50냥을 받아냈다고 한다.

가와모토 고민은 훌륭한 학문적 재능을 지녔으며, 무언가에 집중하는 성격을 가졌던 것 같다. 쓰보이 신도坪井信道*와 일습당日習堂의 동문으로 훗날 오사카大阪에서 적숙適塾23)을 연 오가타 고안緖方洪庵*이 "고민은 취할수록 더 많이 마신다. 도저히 따라갈 수가 없다"고 회상할 정도로 술을 좋아했던 고민은 린소의 삼녀인 히데코秀子와 결혼한 이듬해인 1836년에 술자리에서 상사를 칼로 상해하는 사건을 일으켰다. 그 때문에 6년간 에도에서 추방되어 우라가에 칩거하는 운명에 처하게 되었다. 그러나 이때의 폐쇄생활은 오히려 고민에게 전화위복이 되었다. 이 기간에 장인인 린소가 저술한 일본 최초의 물리학 저서『기해관란氣海觀瀾』을 증보개정해서『기해관란광의氣海觀瀾廣義』 15권 15책을 저술할 수가 있었던 것이다.

금령이 해제되어 에도로 돌아온 고민을 기다린 것은 사쓰마薩摩 번주인 시마즈 나리아키라島津齊彬*의 초빙이었다. 에도에 있으면서 고민은 근대기술의 도입을 추구하는 사쓰마번을 위해 많은 이화학 서적을 번역했다.『원서기기술遠西奇器述』,『병가수독 세이미 진원兵家須讀舍密眞源』,『이학원시理學原始』 등의 저술은 그즈음의

---

23) 적숙適塾 : 1838년 오가타 고안이 오사카에 설립한 난학 학습소蘭學塾. 오무라 마스지로大村益次郎, 하시모토 사나이橋本左內, 나가요 센사이長与専齋, 후쿠자와 유키치福澤諭吉 등의 인재를 배출했다.

산물이다. 『원서기기술』은 당시 서구[遠西]의 최신 기계, 선박, 기차, 사진기 등을 설명한 것이다. 『병가수독 세이미 진원』은 병학가兵學家라면 반드시 읽어야 하는 화학의 진수라는 의미로, 당시의 시대적 요구에 부응하는 화약 등을 제조하는 화학 지식을 전한 것이다. 이 책들은 1857년에 완성되는 가고시마번의 서양식 공장인 집성관集成館에서 유리, 면화약, 화학 약품류, 사탕의 제조, 사진술의 개척 등 다양한 식산산업殖産産業을 추진하는 데 도움이 되었다.

1856년에 고민은 막부의 번서조소의 교수 보조에 이어 교수 직위에 임명되었다. 번서조서는 이름 그대로 번서 즉 외국서적의 조사기관으로 에도에 개설된 것이었는데, 후에 양서조소라 개칭되어 자연과학 전반에 걸친 부문이 설치되었다. 그 가운데 특히 화학(정련)과 박물학(물산학)에 중점을 두어 1860년에는 정련방이 설치되었다. 이 때 정련방 즉 화학부문의 중심적인 추진력이 된 것이 고민이었다. 고민 외에 가쓰라가와 호사쿠桂川甫策*와 우쓰노미야 고노신宇都宮鉱之進*(사부로三郎)도 참가해 당시 일본에서 유일하게 화학연구가 이루어진 장소가 되었다. 고민이 『화학신서』를 저술한 것은 이 번서조소 시절의 작업으로, 이 책은 일본에 화학이 정착되기 위해 없어서는 안 되는 중요한 저술이 되었다. 양서조소는 1863년에 개성소라 개칭되었고, 그 이듬해에는 정련방도 화학소라는 이름으로 바뀌었다.

메이지 시대가 되자 고민은 고향인 미타로 돌아가 영란숙英蘭塾을 열어 아들 세이이치淸一와 함께 제자 양성에 종사하면서 『화학통化學通』, 『화학독본化學讀本』 등의 저술 활동을 계속했다. 1870년에는 세이이치와 함께 도쿄로 나와 간다神田 지요다초千代田

33

町에 살았지만, 이듬해 1871년 6월 1일에 향년 62세로 사망했다. 아사쿠사淺草의 소겐사曹源寺에 매장되었다가 나중에 고이시카와小石川 조시가야雜司が谷의 공동묘지로 이장移葬되었다.

3. 나가사키에서 반 덴 브룩의 화학 전수

- 규슈 여러 번의 화학 기술 -

1823년에 일본에 온 필립 프란츠 폰 시볼트Philipp Franz von Siebold[*]가 나가사키에 명롱숙鳴瀧塾[24)]을 열고 근대 서양 학술을 친근하게 교습하고 있다는 소식을 들은 일본의 선구적인 젊은이들은 경쟁하듯이 이곳으로 모여들었다. 나가사키는 그들이 동경하던 서양 문화의 숨결이 전해지는 곳이 되었다. 시볼트의 문하생 중의 한 사람인 다카노 조에이高野長英[*]가 일본에서는 아직 미개척이었던 'Scheikunde', 번역명을 분리술分離術이라고 하는 새로운 학문의 난서를 번역할 기획을 하고 그 서적을 구입하도록 마쓰라 히로무松浦熙[*]에게 의뢰한 1826년의 편지가 남아 있다. 네덜란드어 'Scheikunde'란 화학을 말하는데, 조에이가 번역한 그 책은 현재 알려지지 않고 있으며, 또한 시볼트가 화학에 관해 특별히 정리된 강의를 했다는 기록도 없다.

그러나 시볼트가 서양 학술을 일본인에게 전수한 것은 그 후

---

24) 명롱숙鳴瀧塾 : 시볼트가 1824년에 나가사키 교외의 나루타키鳴瀧에 개설한 진료소 겸 난학숙蘭學塾. 에도의 시란당芝蘭堂, 교토의 적숙適塾과 함께 유명했다고 일컬어진다. 이토 겐보쿠伊東玄朴, 다카노 조에이高野長英 등의 인재를 배출했다.

에 내일한 네덜란드 의사들에게 계승되었다. 1853년에 내일來日한 반 덴 브룩Van den Broek*은 특히 화학에 조예가 깊었는데, 1855년에 나가사키 부교長崎奉行25)의 의뢰로 데지마에서 화학, 물리학, 기계학을 가르치기 시작했다. 여기에는 통역인 시나가와 도베에品川藤兵衛를 비롯해 각 번에서 보낸 파견생이 참가하여 그 수는 80명에 이르렀고, 명롱숙에 이어 성황을 이루었다. 수업 내용은 전신기, 전자기 유도기, 증기기관, 용광로, 사진술, 인쇄 등이었다고 하며, 화학에서는 다양한 화학 약품의 제조, 석탄가스의 시험 제작, 화약 제조 등 광범위했다고 전해지고 있다.

그즈음 번 차원에서 화학기술의 도입을 도모하고 있던 지쿠젠筑前 번주 구로다 나가히로黑田長溥*의 명을 받아 가와노 데이조河野禎造*가 후쿠오카福岡에서 나가사키로 파견되었다. 가와노는 특히 반 덴 브룩과 가까이 지내며 화학을 전수 받았다. 특히 화학 분석에 흥미를 갖고 반 덴 브룩이 가지고 있던 크라머 호메스 H. Kramer Hommes의 난서 『정성분석표定性分析表』를 빌려 이를 일본어로 번역했다.

『정성분석표』는 독일의 저명한 화학자 로제H. Rose의 원서를 크라머 호메스가 네덜란드어로 번역한 것이었다. 가와노는 이 책을 일본어로 번역하여 『세이미 편람舍密便覽』으로 간행했다〈그림 3·1〉. 여기에는 원서 14페이지 분량에 이르는 시험관 내 분석 채색도를 가와노가 직접 모사한 것이 수록되었다. 이는 황화수소에 의한 무기 이온의 계통적인 분석법으로, 원소의 종류에 의

---

25) 나가사키 부교長崎奉行 : 에도 막부의 직명職名. 로주老中에 직속되어 있으며, 나가사키의 민정, 무역, 선박 등의 관리, 외국의 동정을 감시하고 해상방위 등을 담당했다.

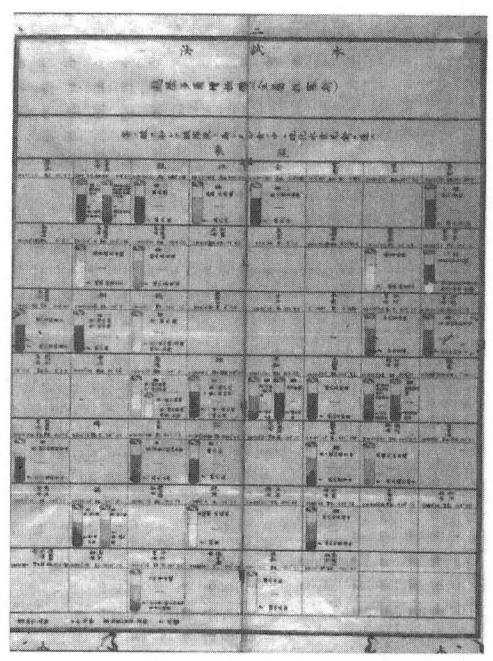

〈그림 3·1〉『세이미 편람術密便覽』에 수록된 원소정성분석도

해 색채가 다른 것을 암회구岩繪具26)로 충실하게 채색하여 재현한 도표이다. 더욱이 네덜란드어 본에 없는 취관분석법吹管分析法과 실험기구 그림까지 첨부되어 있다. 이는 일본 화학 초기의 분석서로서 귀중한 유산이 되었다. 『세이미 편람』은 막부의 번서조소에서 인쇄되어 지쿠젠번의 비용으로 한정 출판된 일본의 공적 출판물이었다. 이 책은 최근에 화학사학회에서 복각 간행되었다.

『세이미 편람』은 막부 말기에 과학기술의 추진을 기획한 규슈 여러 번, 예컨대 지쿠젠번의 정련소精煉所 혹은 사가번의 정련

26) 암회구岩繪具 : 동양화에 쓰는 광물질 분말 안료顔料

37

〈그림 3·2〉 후쿠오카번 정련소 사적비

방精煉方에서 실제 화학 분석 참고서로 사용되었다. 지쿠젠번에서는 다른 번보다 앞서 화학기술의 진흥이 추진되었는데, 1847년에 하카타博多의 나카스中洲에 설치된 후쿠오카번 정련소 〈그림 3·2〉에서 철광석의 분석, 면포 염색, 각종 유리 제작, 도기 제조, 간유, 산토닌santonin 등의 제약 사업이 추진되었다.

『세이미 편람』의 저자인 가와노 데이조는 메이지 시대에 들어서부터 농학에 관심을 기울여 『농가발몽農家發蒙』, 『농가비용農家備用』, 『농업화력農業花曆』 등의 농학 관계 서적을 저술했다. 1870년에는 교토부 참사京都府參事가 되어 권농勸農 임무에도 종사했는

〈그림 3·3〉 사가현 정련방

데, 1871년 향년 53세로 교토에서 사망했다.

사가번佐賀藩에서도 1852년에 정련방이 설치되어 〈그림 3·3〉 적숙適塾을 나온 사노 쓰네타미佐野常民*를 책임자로 하여 증기기관, 전신기, 조선, 대포 주조 등의 화학기술 추진과 함께 화학사업으로서 질산, 황산, 염산, 소다, 질산칼륨 등의 약품 제조와 금, 은, 철 등의 금속 정련 외에, 유리, 비누, 제지, 제당, 양조 등의 화학공업이 실시되었다. 이 정련방 자료 중에 『세이미 편람』의 사본이 남아있다. 이곳 화학 기술자로는 나카무라 기스케中村奇輔*, 이시구로 간지石黑寬治*가 활약했다. 또 도시바東芝27)의 창시자인 다나카 히사시게田中久重*도 이 정련방에 초대되어 증기기관과 대포 제조에 종사했다.

그 외에 사쓰마번의 집성관集成館〈그림 3·4〉에서 이루어졌던

---

27) 도시바東芝 : 가전기기 회사의 선구자. 1875년 다나카 히사시게田中久重가 설립한 다나카 제조소田中製造所가 그 전신이다.

〈그림 3·4〉 집성관

사업에 관해서는 전술한 가와모토 고민의 장에서 언급했지만,
1857년에 번주인 시마즈 나리아키라島津齊彬*에 의해 번의 서양식
공장이라 할 수 있는 집성관이 설립되었고, 특히 이화학 연구를
위한 개물관開物館이라 불리는 정련소가 설치되었다. 집성관의 최
성기에는 공원이 천 명이나 되는 대규모 공장이 되어 황산, 질
산, 염산 등의 약품류를 비롯하여 사탕, 초, 장뇌 등의 식산품
제조와 전신기, 면화약 등도 제조하기에 이르렀다. 그 가운데
에도에서 유리를 제작하던 많은 직인을 불러들여 유리 제조 연
구에 주력했는데, 여기서 제작된 다양한 색채의 투명한 커트cut
유리는 사쓰마 기리코薩摩切子28)라는 이름으로 유명해졌다.

---

28) 사쓰마 기리코薩摩切子 : 에도시대 유리그릇의 일종. 기리코切子는 cut를
    의미한다. 1846년 가을, 사쓰마薩摩(가고시마현鹿兒島縣)의 번주 시마즈
    나리오키島津齊興가 제약을 위해서 유리그릇, 유리병 등을 만들 필요를
    느끼고, 에도로부터 유리를 제작하는 직인인 시모토 가메지로四本龜次郎
    를 초청해 공장을 연 것에서 비롯되었다. 시마즈 나리아키라島津齊彬 대
    가 되어 번의 생산 진흥을 위해 집성관集成館이 세워지고, 서구의 기술
    을 발판으로 하여 다양한 공업의 근대화가 진행되었는데, 그 일환으로

이러한 사실에서, 막부 말기에 규슈의 여러 번에서 나가사키를 통해 들어온 그즈음의 서구 최신 화학 기술 정보를 근거로 일본 최초의 화학 식산사업이 전개되었던 것을 확인할 수 있다.

서 유럽의 유리 제법이 도입되어 사쓰마 기리코가 생겨났다. 투명한 유리 층에 적홍색 혹은 청색, 보라색 등의 유리를 씌워 표층에서 커트해cut 문양을 나타내는 경우가 많다. 제품은 접시, 찻잔, 술잔, 꽃병 등으로 번주를 비롯한 상류계급의 수요에 부응하는 한편, 다른 번에 증답물로 사용되면서 여러 번으로부터 주문이 증가했다. 사쓰에이 전쟁薩英戰爭(1863) 때 집성관이 피해를 입고 또 나리아키라가 일찍 사망하면서 단명으로 끝났지만, 그 예술성은 높이 평가되고 있다.

4. 일본 최초의 화학 강의록
『폼페 화학서』

    1853년 페리호의 입항은 쇄국 중이었던 일본에 큰 충격을 주었다. 그 후 고조되는 서구 제국으로부터의 압력을 눈앞에 두고 일본을 세계에 어떻게 개방할 것인가 하는 큰 시련이 닥쳤다. 이때 1600년 이래 서구의 나라로는 유일하게 교역을 통해 일본과 교류를 계속해왔던 네덜란드는 자기 방위를 위한 해군 창설을 막부에 건의했다. 막부는 이를 받아들여 1854년에 네덜란드의 원조로 제1차 해군 전습傳習을 나가사키에서 개시했다. 그로부터 3년 후인 1857년에는 일본이 네덜란드에 발주했던 군함 간린마루咸臨丸29)가 일본으로 운반되어 제2차 해군 전습이 시작되었다. 이때 네덜란드에서 온 파견단 일원 중에 의관으로 폼페 반 메르데르포르트Pompe van Meerdervoort*〈그림 4·1〉가 있었다.

    이를 계기로 막부는 폼페에게 서양 의학의 조직적인 교수를

---

29) 간린마루咸臨丸 : 에도 막부가 1857년에 네덜란드에 건조建造를 의뢰 한 증기 군함. 원명原名은 야판Japan. 목조木造, 돛대 3개, 배수량 625톤, 기관機關 100마력, 비포備砲 12문. 막부 해군의 연습함으로 사용되었다. 1860년 가쓰 가이슈勝海舟를 함장으로 해서 견미사절遣米使節의 수행함이 되어 태평양을 횡단했다.

〈그림 4·1〉 폼페

의뢰했다. 일본 측에서는 막부의 의관인 마쓰모토 료준松本良順*이 나가사키로 파견되었고, 여러 번에서 전습생을 모집하여 정식으로 의학 전습이 개시되었다. 이 의학 전습은 폼페가 부임한 후 얼마 지나지 않아 현재의 나가사키 현청이 있는 장소인 나가사키 부교長崎奉行 서역소西役所에서 시작되었다. 순식간에 전습생 수가 증가해 부근 오무라초大村町에 있는 다카시마 슈한高島秋帆*의 사택 한 동으로 옮겨가게 되었다.

　폼페는 네덜란드의 위트레흐트Utrecht 육군군의학교를 졸업한 군의였는데, 일본에서 의학을 가르치면서 유럽 최신의 의학을 체계적으로 가르칠 계획을 세웠다. 강의를 시작해 보니 일본의 전습생들이 과학의 기초지식이 부족하다는 것을 알고 1859년부터 교과과정을 변경해 일반 의학과 함께 기초 과학에 중점을 둔 강의를 하겠다고 발표했다. 그러한 가운데 주 3회, 월·수·금요일 오후에 2시간씩 화학 강의를 실시했다. 이는 외국인 과학자에 의해 실시된 일본 최초의 체계적인 화학 강의였다.

폼페의 강의를 들은 청강생은 일본 전국의 번에서 파견된 유학생이었는데, 그 가운데는 마쓰모토 료준 외에 시바 료카이司馬凌海*, 이와사 준岩佐純*, 오가타 고레요시緒方惟準*, 나가요 센사이長与專齋*, 우에노 히코마上野彦馬* 등 메이지 이후 일본의 의학과 화학의 추진력이 된 인물이 다수 포함되어 있었다. 그 가운데 한 사람으로, 1860년 1월부터 의학 전습에 참가하여 폼페의 강의를 듣고 나서 메이지 시대 일본의 의료제도를 확립한 나가요 센사이의 회고담이 자서전인 『송향사지松香私志』에 남아있다.

이에 의하면 "폼페의 강의가 시작되었지만 통역사가 통역해서 전하는 말도 귀에 들어오지 않고 멍하니 술에 취한 것 같았다. 다른 사람들은 어떤가 하고 둘러보니 마쓰모토 (료준) 선생과 다른 한 사람은 시종 필기를 하고 있었지만 그 외에는 수수방관하며 듣는 사람도 있고, 연필을 꺼내 필기하는 자도 있었다. 나중에 물으니 시종 필기를 하고 있었던 사람은 시바 료카이였다."고 기록하고 있다.

나가사키에서 이루어진 폼페의 화학강의 내용에 관해서는 오랫동안 알려지지 않았었지만, 2000년에 마쓰에松江 적십자병원의 도서관 자료 중에 『폼페 세이미서朋百舍密書』라는 제목의 강의서가 발견되었다. 이는 1859년에 폼페의 네덜란드어 화학강의를 마쓰모토 료준이 필기한 것으로, 무기화학의 개론과 각론을 포함하는 완결된 강의록이었다.

『폼페 세이미서』 즉 『폼페 화학서』는 독일의 화학자 바그너R.

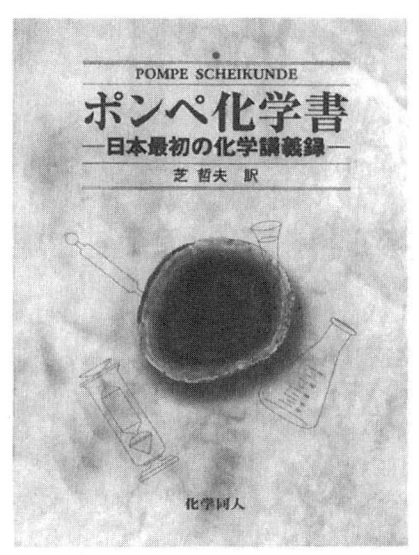

Wagner에 의해 1854년에 출판된 독일의 서적 『화학』의 네덜란드 어 번역본이었고, 나가사키 데지마에 들어와 있던 것을 폼페가 1850년에 자신의 강의 교재로 이용했던 사실이 밝혀졌다. 따라 서 당시로서는 최신 유럽 화학의 성과가 일본의 최초 화학 강 의 교재로 사용된 것이다. 이 강의록은 최근 필자에 의해 네덜 란드어에서 일본어로 번역되어 『폼페 화학서』(화학동인化學同人)라 는 이름으로 출판되었다 〈그림 4 · 2〉.

　『폼페 화학서』에는 당시 알려져 있던 65종의 원소와 그 화합 물에 대해 상세하게 설명되어 있다. 이는 "전문가도 문외한도 이해하기 쉽도록 쓴, 최신의 지식에 근거한 화학서"라고 원서의 부제로 쓰여 있는 바와 같이, 화학이 사회에 미치는 유용성에 역점을 둔 계몽서로서 일본의 첫 화학 강의에 어울리는 내용이

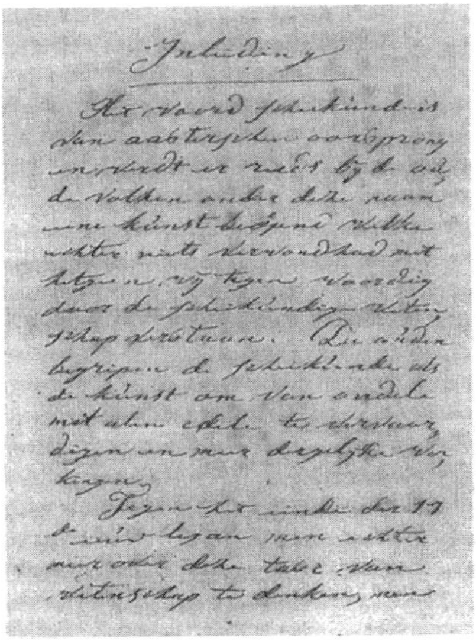
Inleiding

〈그림 4 · 3〉『폼페 세이미서朋百舍密書』의 네덜란드어 서문

었다.

에노모토 다케아키榎本武揚*는 메이지 유신 때 도쿠가와 막부에 대한 충성심으로 하코다테函館 고료카쿠五稜郭에 틀어박혀 정부군에 저항한 무장으로 이름이 알려져 있다. 하코다테 전쟁이 끝나고 에노모토는 옥중에 갇힌 몸이 되었지만, 1872년에 출옥하자 홋카이도北海道 개척사開拓使로서 신정부에 협력하게 되었다. 당시 러시아와 사할린 국경 문제가 불거졌는데, 일본 외교계에는 그 완충역할을 담당할 적임자가 없었다. 에노모토는 러시아 특명전권대사로 임명되어 4년간 페테르부르크에 체재하며 사할린 지시마千島 교환조약을 체결했다. 그 동안 에노모토는 러시아에 대한 외교활동 고문 역할을 폼페에게 의뢰했다. 에노모토는 나가사키에서 열린 제2차 해군 전습에 참가했다가 이때 폼페의 화

학강의를 들었던 것이 인연이 되어, 훗날 외교 교섭을 위해 유럽으로 파견되었을 때, 폼페에게 외교고문을 맡아줄 것을 의뢰했던 것이다. 또 에노모토는 1898년에 일본에 화학공업회가 설립되었을 때 초대 회장에 취임하고, 이후 5기에 걸쳐 회장을 맡는 등 화학 기술자로서의 일면을 갖고 있었던 사실은 그다지 잘 알려져 있지 않다. 그러한 에노모토에게 화학에 대한 관심을 처음 심어준 것이 나가사키 시절의 폼페였던 것이다.

다음 장에서 언급하겠지만, 폼페의 화학 강의는 막부 말기의 일본 화학, 약학에 적지 않은 영향을 미치게 되었는데, 폼페 자신의 본래 사명은 일본에 서양 의학을 도입하는 것이었다. 폼페는 일본의 난학자들이 그때까지 서적을 통해서만 공부했던 근대 서양 의학을 강의뿐 아니라 현장의 진찰을 통해 직접 일본에 이식하고자 했다. 1859년에는 나가사키 동쪽의 고지마쿄小島郷에 양생소養生所라 칭하는 일본 최초의 서양식 병원이 설립되어 폼페에 의해 진찰과 치료가 이루어졌다. 현재 나가사키대학 의학부의 원류가 된 이 양생소는 일본의 서양 의학 발상지이며, 폼페는 일본 의학의 은인으로 새롭게 받아들이고 있다.

일본에서 5년간의 의학 전습을 마치고 네덜란드로 돌아간 폼페는 『폼페 일본 체재 견문기－일본에서의 5년간－』이라는 회상록을 남겼다.

5. 일본 사진술의 시조 우에노 히코마

-『세이미국 딜휴』-

1857년부터 나가사키에서 폼페에 의한 의학 전습이 시작되자 새로운 서양의학을 네덜란드 사람에게 직접 배우려는 젊은이들이 전국에서 모여들었다. 폼페가 의학 강의의 기초학과로서 화학의 중요성을 인식하고 특별히 화학 강의에 주력했다는 점에 관해서는 앞 장에서 언급했다.

폼페의 화학 강의에 깊은 관심을 가졌던 청강생 중에 쓰번津藩에서 파견된 호리에 구와지로堀江鍬次郎*와 대대로 나가사키에서 질산칼륨 제조 등의 화학기술 전통을 계승해온 집안에 태어난 우에노 히코마上野彦馬 두 사람이 있었다. 호리에와 우에노는 화학 지식을 더욱 깊이 하고자 세이미 연구소 (화학연구소) 를 만들고, 네덜란드 서적을 통해 알게 된 사진술에 관해 모르는 것을 폼페에게 질문했다.

사진술은 먼저 은판 위에 아이오딘 증기를 씌워 표면에 아이오딘화은을 형성하고, 영상을 감광시킨 다음에 수은 증기를 씌워 정착시키는 다게레오타이프daguerreotype라 불리는 은판 사진에서 비롯되었다. 1857년에 촬영되어 일본 최초라 일컬어지는 시마즈

〈그림 5·1〉 우에노 히코마

나리아키라[*]의 사진은 이 은판 사진이었다. 그러나 이 은판 사진은 감광력이 약해 동체가 찍히지 않고 사진이 실물과 좌우가 반대되는 결점이 있기 때문에 개량이 거듭되었다. 1850년대에는 유리판 위에 아이오딘화은을 포함하는 콜로디온collodion 막을 만들어, 마르기 전에 찍는 습식사진이 신기술로 등장했다. 난서를 통해서 이 사실을 알게 된 우에노와 호리에는 고심을 거듭하여 일본 최초의 습판사진에 성공했다.

이 습판사진에 필요한 화학약품들은 당시에는 일본에서 구할 수 없었기 때문에 우에노는 화학을 공부하여 스스로 이를 조달해야만 했다. 콜로디온은 질산 섬유소를 말하는데, 부스러기 실 등의 섬유를 황산과 질산으로 나이트로화 하여 만든다 〈그림 5·3〉. 이를 용해하는 데는 알코올과 암모니아가 필요했다. 일

〈그림 5·2〉 시마즈 나리아키라를 찍은 은판 사진

본의 소주에서 에틸알코올을 만들려고 해도 퓨젤유fusel oil가 섞여 있어 증류하더라도 순도 높은 알코올을 얻을 수 없었다. 그래서 폼페가 가지고 있던 네덜란드의 쥬네바Jenever를 얻어 이를 증류하여 비로소 높은 순도의 에틸알코올을 만들었다. 암모니아는 고기에 붙어 있는 뼈를 묻어 부패시킨 다음 꺼내어 증류해서 만들었다. 이때의 악취는 도저히 참을 수 없을 정도여서 고소를 당한 적도 있었다. 감광에 무엇보다도 중요한 질산은은 나가사키의 외국인들로부터 입수한 멕시코 은화를 질산에 녹여 만드는 등 지금으로는 상상도 할 수 없는 고생의 연속이었으나, 이를 통해 일본의 화학 실험이 경험을 축적하게 되었다.

그즈음 나가사키에 로쉐Roche라는 프랑스인 사진 전문가가 찾아왔다. 우에노는 로쉐로부터 사진 실기를 배우고, 또한 당시 최신의 습판용 사진기를 호리에堀江의 쓰津 번주인 도도 다카유

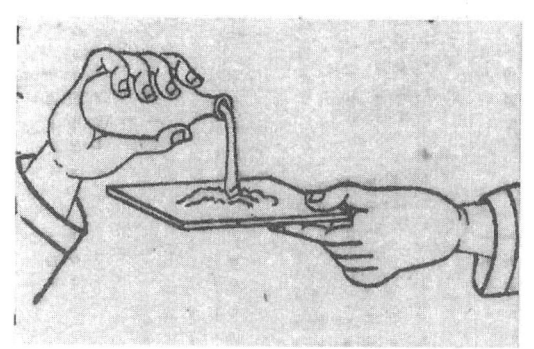

〈그림 5·3〉『세이미국 필휴舍密局必携』에 수록된 습판사진의
콜로디온 막 제작 방법

키藤堂高猷에게 부탁하여 150량에 구입했다〈그림 5·4〉. 150량이
라고 하면 현재의 약 1200만 엔에 해당되는 고가였다. 이 사진
기를 가지고 우에노는 호리에와 함께 에도로 가서 쓰 번저에서
많은 인물사진을 찍었다.

1861년에 번주가 에도에서 쓰로 귀국할 때 우에노도 동행해
서 쓰로 가서 쓰의 번교藩校인 유조관有造館에서 호리에와 함께 화
학 강의를 했다. 이때의 강의 교재로『세이미국 필휴舍密局必携』
〈그림 5·5〉라는 세 권짜리 화학서를 저술했다. '세이미국'이
라는 것은 '화학 실험실'이라는 정도의 의미이다. 이 책은 에도
시대 일본에서 간행된 화학서적으로는 우다가와 요안의『세이
미 개종』에 버금가는 것으로, 메이지에 이르기까지 화학을 공부
하고자 하는 사람들이 반드시 읽었던 입문서였다.

『세이미국 필휴』에는 화학 총론에 이어 비금속 무기화학이
언급되어 있다. 원소명은『세이미 개종』에서 우다가와 요안이
명명했던 대로 따랐지만,『세이미 개종』에 없는 화학 당량과 한

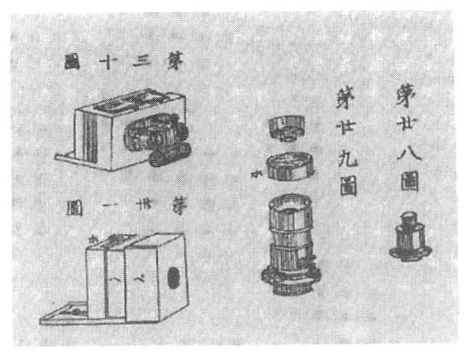

〈그림 5·4〉 우에노 히코마의 사진기와 렌즈

자에 의한 원소 기호가 나타난다. 예를 들어 화학 방정식이 다음과 같이 나타나 있다.

$$喜_義 + 二須阿_三 = 喜_義阿, 須阿_三 + 須阿_二$$

이를 현재의 기호로 고치면,

$$Hg + 2SO_3 = HgO \cdot SO_3 + SO_2$$

가 된다. 이는 수은(Hg)에 황산(SO_3 정확하게는 H_2SO_4)이 작용하여 황산수은 ($HgO \cdot SO_3$ 즉 $HgSO_4$)이 생성되는 반응식이다.

또 『세이미국 필휴』에는 많은 화학 실험 장치 그림 외에 가스램프, 샴페인 제조 장치, 발연황산 제조 장치, 플루오린화수소로 유리를 부식시켜 문양을 새기는 장치 등 실험적 혹은 공업적 장치도가 다수 게재되어 있다. 이러한 그림은 당시 나가사키에서 입수한 네덜란드 화학 서적을 참고로 하고 있는데, 특히 그 대부분은 앞 장에서 언급한 『폼페 화학서』와 같은 원본인

〈그림 5·5〉『세이미교쿠 필휴』

바그너의 난서『화학』의 그림을 전용했다는 사실이 확인되었다. 그림뿐 아니라 기술의 내용도 이 책에 근거한 부분이 많다. 따라서 폼페의 화학 강의가 우에노를 통해『세이미국 필휴』에 계승되어 재생되었다고 할 수 있다.『세이미국 필휴』의 제3권은 우에노 자신의 경험에 근거한 습판사진의 조작 과정을 자세하게 해설한 것이다. 또 우에노는 이어서 금속 무기화학, 유기화학도 집필하여 간행할 예정이었지만, 실제로 출판된 것은 비금속 무기화학 3권에 그쳤다.

　우에노는 그 후 나가사키로 돌아가 1862년부터 나카시마천中島川 부근의 자택에서 일본 최초의 사진관인 우에노 촬영소를 개설했다. 그 평판이 일본 전역에 높이 알려져 막부 말기에 나가사키로 온 많은 유명인들이 우에노 촬영소를 방문해 사진을 찍었다. 사카모토 료마坂本龍馬*의 유명한 사진도 이때의 것이다.

1866년에 화학을 배우기 위해 도쿠시마德島에서 나가사키로 유학 온 청년이 있었다. 그의 이름은 나가이 나가요시長井長義로, 후술하는 바와 같이 일본 약학의 개척자가 된 사람이다. 나가이가 나가사키로 왔을 때 화학을 배울 만한 네덜란드 화학자가 없었기 때문에 우에노 히코마 집에 기거하면서 우에노로부터 사진술을 배우면서 화학에 입문하게 되었다. 그때의 경험이 그 후 일본을 대표하는 화학자 나가이 나가요시를 만들어내는 바탕이 되었다고 생각하면, 여명기의 일본 화학은 몇몇 사람에 의해 명맥을 이어갔고 이렇게 해서 오늘날에 연결되는 발전의 기초를 다진 것이 분명하다.

6. 일본 최초의 외국인 화학교사 하라타마

네덜란드 의사 폼페가 1859년 1월에 나가사키에서 의학 전습의 기초과목으로 화학 강의를 시작했던 사실은 앞서 언급했다. 폼페가 1862년에 5년간의 일본 체재를 마치고 네덜란드로 귀국한 후, 그 후임으로 폼페와 마찬가지로 위트레흐트Utrecht 군의학교 출신인 보드윈A. F. Bauduin이 나가사키에 도착했다. 보드윈도 전임자의 뜻을 이어받아 의학 교육을 하는 한편 화학 강의에도 힘을 다했다. 폼페 시대에 나가사키 고지마쿄小島鄉에 개설된 의학교인 정득관精得館에서 보드윈도 1863년 11월부터 일본인에게 세이미 전습 즉 화학 강의를 하게 된 것이다. 이는 아마도 금은金銀 세공을 하던 나가사키의 시계 장인이었던 오바타 에이조御幡榮藏 등의 요청에 의해 시작되었으며, 특히 금은 분리법에 관한 강의였다.

보드윈은 그러한 자신의 체험을 근거로 해서 정득관에 물리, 화학 부문을 신설하고 여기에 새로운 이화학 전문교사를 네덜란드로부터 초빙할 것을 나가사키 부교副校에게 건의했다. 이에 의해 창설된 것이 분석구리소分析究理所였고, 초빙된 사람은 육군군의학교를 나와 대학에서 화학을 공부한 하라타마 K. W. Gratama[*]

〈그림 6·1〉 나가사키의 하라타마

〈그림 6·1〉였다. 분석分析은 화학, 구리究理는 물리를 말하며, 분석구리소라는 것은 말하자면 이화학교理化學校라 할 수 있다. 이 분석구리소가 일본 최초의 조직적인 이화학교이며, 1866년에 일본에 온 하라타마는 일본 최초의 이화학 전문교사였다.

폼페와 보드윈은 화학 강의를 하기는 했지만 화학 실습을 하지는 못했다. 하라타마에 의해 일본 최초의 화학실습 교육이 이 분석구리소 〈그림 6·2〉에서 개시되었다. 그러나 하라타마의 강의를 들은 학생은 정득관으로 의학을 배우러 온 자가 대부분이었으며, 당시 화학을 전문으로 하고자 하는 자는 소수였다. 그러한 이유로 나가사키에서 화학교육이 결실을 맺기가 어렵다는 것을 깨닫고 이 이화학교를 막부가 있는 에도로 이전할 것

〈그림 6·2〉 나가사키 고지마쿄의 분석구리소
(왼쪽은 건물, 오른쪽은 양생소)

이 기획되어 1867년에 하라타마는 에도의 개성소로 옮기게 되었다.

나가사키의 분석구리소에서는 네덜란드에서 들어온 기구와 약품을 사용하여 철저한 실험교육을 목표로 했다. 하라타마도 이러한 실험을 엄격히 지도하여 약병에는 반드시 그 내용물의 이름을 쓴 라벨을 부착하도록 명했다. 지금 막 퍼온 물을 담아둔 병에도 라벨이 없으면 당장 버리도록 했다. 학생 가운데 훗날 도쿄 대학의 광산학 교수가 된 이마이 이와오今井巖가 있었는데, 아직 15,6세의 왜소한 소년이었기 때문에 하라타마가 놀리며 프랑스의 대화학자인 라보아지에의 이름을 따서 프로트 라보아지에(대 라보아지에)라는 별명으로 불렀다.

1853년 페리호의 입항은 일본에 큰 충격을 주었다. 막부는 외국 정보를 얻을 목적으로 번서조소를 1856년에 에도 구단자카九段坂 아래에 개설했다. 번서란 외국 서적을 말하는데, 이 이름이 좋지 않다고 해서 후에 양서조서로 바뀌었다가 다시 개성소라는 이름으로 바뀐 사실은 제2장에서 언급한 바 있다. 여기에서는 양서의 조사뿐 아니라 근대화에 필요한 자연과학을 비롯하

〈그림 6·3〉 개성소 설립 전의 도쿠가와 모치나가德川茂德*와 하라타마

여 어학에 이르는 많은 분야의 부문이 설치되어 당시 일본 유일의 서양 학술 연구기관으로 그 기능을 담당했다. 1860년에는 후에 화학소라 불린 화학부문이 되는 정방련이 특설되어 가와모토 고민을 비롯한 교수진이 임명되었다. 그러나 그 내실은 네덜란드 화학서적과 『화학신서』 등의 번역서를 교재로 하여 소수의 학생에게 가르치는 것이 주였다. 실험을 하려면 시약도 기구도 입수되지 않아 황산, 질산, 염산부터 만들어야만 했고, 기구도 술병을 플라스크로 대신하고, 밑바닥에 구멍을 뚫은 찻잔을 깔때기로 사용했다. 당시의 일본에는 오늘날 생각할 수 있는 설비라든가 기구가 전무했다.

이 개성소로 나가사키에서 하라타마가 초빙되고, 네덜란드제

기구와 약품도 도착하여 새로운 화학교육이 에도에서 시도되었다. 그 때문에 히토쓰바시一橋에 대규모 학교 건물을 신축할 계획이 추진되고 있었다. 위치는 현재의 조스이 회관如水會館, 교리쓰 강당共立講堂, 교리쓰 여자학원共立女子學院을 포함하는 지역이었다고 생각된다. 이는 막부에게는 획기적인 기획이었다. 화학뿐 아니라 일본 교육의 중심지인 에도의 막부 직할 학교에서 외국인 교사가 가르친다고 하는 것은 전무후무한 일이었다. 그만큼 하라타마의 포부도 컸다고 생각된다.

그러나 새로운 학교 건물이 완성되기 전에 일본 전국이 유신의 동란에 휩쓸려 에도가 전란의 거리로 변하면서 개성소의 이화학교 설립도 물거품이 되어 버렸다. 막부가 붕괴된 후에 생겨난 메이지 신정부는 개성소의 재건을 도모하기 위해 오사카에 세이미국舍密局을 신설하고 여기에 하라타마를 영입하게 되었다.

7. 오사카에 개설된 세이미국

　에도 막부가 붕괴되고 메이지 신정부가 탄생된 1868년에 오쿠보 도시미치大久保利通[*]에 의해 수도를 교토에서 오사카로 옮기는 계획이 추진된 시기가 있었다. 이와 함께 도쿄에 있던 막부의 개성소도 오사카로 옮기기로 하고, 우선 하라타마를 위해 세이미국을 오사카에 건설하기로 기획되었다. 그 직후에 도쿄 천도가 결정되었지만, 세이미국은 예정대로 오사카의 오테마에大手前, 현재의 오사카 부청府廳 남쪽 인근에 건설되었고, 하라타마를 비롯한 개성소에 있던 사람들은 메이지 원년인 1868년 여름 즈음에 오사카로 옮겨왔다.

　이 때 메이지 정부는 새로운 포부를 가지고 있었다. 나가사키 정득관에서 하라타마와 함께 근무했던 동료인 네덜란드인 의학자 보드윈도 하라타마와 함께 오사카로 불러 이학교理學校와 의학교를 합한 새로운 종합대학을 건설하려는 구상이었다. 실제로 보드윈도 하라타마보다 조금 늦게 오사카에 도착했고 세이미국 남쪽에 의학교가 창설되었다.

　1869년 6월 10일에 새롭게 개장한 세이미국에서 오사카부大阪府 지사知事 이하의 공무원, 오사카에 주재하던 네덜란드를 비롯

〈그림 7・1〉 세이미국

한 각국 영사들이 초청되어 개교식이 개최되었다. 하라타마가 많은 내빈 앞에서 개교 강연을 하고, 미사키 쇼스케三崎嘯輔*에 의해 통역되어 참석자들에게 전해졌다. 그 강연 내용이 『세이미국 개강지설舍密局開講之說』로 간행되었다.

　세이미국의 건물은 풍향계가 달린, 당시로서는 참신한 서양풍 건축이었기 때문에 명소가 되었다. 〈그림 7・1〉은 건물의 니시키에錦繪30)이다. 〈그림 7・2〉는 하라타마가 귀국했을 때 가지고 돌아간 1869년 당시의 세이미국 사진으로, 필자가 네덜란드에서 발견한 것이다. 〈그림 7・3〉은 1869년 5월 1일에 세이미국 현관에서 찍은 개교일의 기념사진으로, 앞줄 오른쪽 끝이 미사키 쇼스케, 그 왼쪽이 예복 차림을 한 하라타마, 네 번째 있는 사람이 오사카 의학교 교감인 보드윈, 뒷줄 오른쪽 끝이 훗날 박물학자가 된 다나카 요시오田中芳男*, 왼쪽에서 두 번째가 의학교 학

---

30) 니시키에錦繪 : 다색을 이용한 판화.

〈그림 7·2〉 세이미국 본관 사진

장이며 오가타 고안緒方洪庵의 아들인 고레요시惟準이다.

　『세이미국 개강지설』〈그림 7·4〉에 의하면 하라타마는 개강 기념 강연에서 다음과 같은 내용을 역설했다. 이 나라에 지금 가장 중요한 것은 이화학, 즉 물리학과 화학이다. 이 두 학문이 전 일본에 보급된다면 이는 이 나라의 큰 행운일 것이다. 과거에는 화학이 분석의 학문으로 여겨졌지만 지금은 합성도 화학의 중요한 분야가 되었다. 또 화학에는 무기와 유기 구별이 있는데, 최근에는 유기화학의 발전이 눈부시다. 예를 들어 고가의 귀중 약품인 퀴닌Quinine도 언젠가는 화학 합성에 의해 염가의 식물 성분으로부터 쉽게 유도될 수도 있을 것이다. 특히 근년에는 일상생활에 사용되는 많은 화합물이 화학공장에서 제조되고 있다. 이러한 이화학은 결코 사색의 산물이 아니라 실험으로 증명되지 않으면 안 된다고 강조했다. 지금 보아도 이는 화학의 장래를 예견한 격조 높은 강연이었다.

〈그림 7·3〉 세이미국 개교기념 사진. 앞줄 오른쪽부터 미사키
쇼스케, 하라타마, 한 사람 띄고 보드윈

하라타마는 개교식 다음 주부터 학생들에게 이화총론을 강연
하기 시작했다. 그 강연록이 『이화신설理化新説』〈그림 7·5〉로
간행되었다. 더욱이 매일 오후에 화학 강의와 실험을 시작했다.
하라타마의 네덜란드어 강의는 미사키 쇼스케가 통역하여 학생
들에게 전해졌다. 강의는 하라타마의 물리학, 화학뿐 아니라 조
교인 마쓰모토 게이타로松本銈太郎*에 의한 지질학, 광물학, 다나카
요시오에 의한 동식물학 강의도 이루어졌다. 또한 학생들 가운
데 기시모토 이치로岸本一郎, 이누마 순조飯沼春藏, 무라하시 지로村橋
次郎 등이 선발되어 조수로 임명되어 이화학 교사의 양성이 추진
되었다.
  세이미국보다 조금 늦게 그 부근에 개교된 오사카 의학교에
서도 많은 의학생이 세이미국의 강의를 청강하러 왔다. 그 가운
데 훗날 아드레날린을 연구하여 유명해진 다카미네 조키치高峰讓

〈그림 7·4〉『세이미국 개강지설』

가 있었다. 세이미국에서는 이처럼 이화학을 교육하는 한편 부근에 창설된 조폐료造幣寮 (현 조폐국造幣局) 의 화폐 분석과 약품상의 약물 검정, 온천의 수질 분석 등도 의뢰받아 실시해 당시 일본의 근대 학술과 기술의 전당이 되었다.

세이미국이 점차 궤도에 올라 있던 1871년 1월 31일에 하라타마가 임기를 마치고 네덜란드로 귀국했다. 하라타마의 후임으로는 독일인 화학자 헤르만 리테르Hermann Ritter[*]가 취임했다. 리테르는 요소의 인공 합성으로 유명한 뵐러F. Wöhler의 제자로, 그의 강의록은 『화학일기』, 『문리일기』로 출판되었다.

세이미국은 그 후 메이지 신정부의 문교정책 때문에 흔들리

〈그림 7·5〉『이화신설』

는 운명을 걷게 되었다. 1872년에는 고등교육 중앙집권화의 방침에 따라 폐교가 정해지면서 인력도 물건도 훗날 도쿄 대학이 되는 도쿄개성학교東京開成學校로 옮겨졌다. 오사카에서 세이미국의 후신은 고등보통 교육기관이 되어 몇 차례나 학교명이 바뀌고, 1889년에는 교토로 옮겨가고 나중에 교토대학에 흡수되어 구제旧制 제3고등학교가 되었다.

네덜란드로 돌아간 하라타마는 헤이그Den Haag 육군병원장 등을 역임했지만 1888년 1월 19일 헤이그에서 56세로 생애를 마감했다. 그로부터 100년 후인 1988년 1월 19일에는 하라타마의 자손을 오사카로 초청하여 하라타마 박사 사후 100주년 기념 강연

〈그림 7·6〉 하라타마 흉상 (오사카 바바쵸馬場町)

회가 개최되었다. 또 2000년 일난日蘭 교류 400주년 해에는 '제1
회 하라타마 워크숍 ─ 지속 가능한 사회를 위한 화학과 화학기
술'이 오사카대학에서 개최된 것이 계기가 되어, 과거 세이미국
의 유적지에 가까운 오사카성의 서쪽 대남大楠 나무 아래에 하라
타마의 흉상 〈그림 7·6〉이 건립됨으로써 일본 화학의 은인으
로 영원히 표창되었다.

8. 세이미국에서 키워낸 일본 화학의 개척자들

세이미국에서 하라타마로부터 직접 근대 화학을 배우고 또 그의 조수와 조교로서 하라타마를 도왔던 인물들 중에서 일본 화학의 개척자들이 탄생했다. 나가사키에서 네덜란드인의 의학 전습을 받은 일본 측의 대표였던 막부 의관 마쓰모토 료준松本良順의 아들인 마쓰모토 게이타로鉎太郎〈그림 8·1〉는 1862년 12세 때 모친을 따라 부친의 부임지인 나가사키로 가서 네덜란드인 보드윈과 하라타마로부터 직접 서양 과학을 배웠다. 당시의 일본인으로는 기초 교육부터 외국인의 훈도를 받은 특별한 예였다. 보드윈이 1867년 1월에 네덜란드로 일단 귀국했을 때, 마쓰모토 게이타로도 함께 건너가 네덜란드 위트레흐트 대학에 들어가 화학을 전공했다. 화학을 배우기 위해 외국으로 유학한 제1호였다.

일본에서는 얼마 후 메이지 유신이 일어나 옛 스승인 하라타마가 오사카에서 세이미국을 개설하자, 마쓰모토는 협력자로 의뢰받고 유학 도중에 귀국했다. 1869년 개교 직후 세이미국에 들어간 마쓰모토는 대조교에 임명되어 하라타마의 화학 강의를

〈그림 8·1〉 마쓰모토 게이타로

통역하는 이외에 지질학과 광물학의 실험 지도도 맡았다.

하라타마가 세이미국에서 임기를 마치고 귀국했을 때, 마쓰모토도 다시 유럽으로 유학을 떠났다. 이번에는 독일로 갔는데, 당시 유기화학의 최고봉이었던 베를린대학의 호프만A. W. Hofmann 연구실에 들어갔다. 호프만 연구실에서 6년 동안 수련을 쌓는 사이에 천연물에서 얻어진 페닐옥시크로톤산phenyloxycrotonic Acid과 프로토카테크산protocatechuic acid 등 새로운 화합물의 구조와 합성에 대한 연구 결과를 독일의 화학 잡지 『헤미쉐 베리히테Chemische Berichte』에 수차례 게재했다. 이는 일본의 연구자가 외국 화학 잡지에 연구 논문을 발표한 최초의 일이다.

마쓰모토보다 조금 늦게 호프만 연구실에 유학한 나가이 나가요시長井長義*는 마쓰모토와 함께 실험대에서 연구를 진행하고 있었는데, 1876년에 나가이가 부친에게 보낸 편지에 "일본 전체에서 화학을 진정으로 이해하고 있는 사람은 마쓰모토와 저뿐입니다. 귀국 후 두 사람은 힘을 합해 화학이라는 새로운 학문

〈그림 8·2〉 미사키 쇼스케三崎嘯輔

을 일본에 세울 각오입니다." 하고 써서 보냈다. 그러나 바로
직후인 1877년에 마쓰모토는 뇌출혈로 쓰러져 유학을 중단하고
귀국해 그 해 4월 16일 29세의 젊은 나이에 사망했다.

세이미국에서 마쓰모토 게이타로와 함께 하라타마의 강의를
통역한 대조교인 미사키 쇼스케三崎嘯輔 〈그림 8·2〉는 하라타마
가 1866년에 나가사키에 도착한 이래 에도로, 오사카로 항상 하
라타마의 곁을 떠나지 않은 통역이었다. 미사키는 후쿠이福井 출
신으로 1863년에 에도로 나와 적숙 출신인 오토리 게이스케大鳥
圭介* 밑에서 네덜란드어를 배웠다. 적숙에서는 난서를 읽는 데
모두 열심이었지, 네덜란드어 회화는 별로 익히지 못했던 것 같
다. 미사키는 어떻게 회화를 배운 것일까? 폼페를 통역한 시바
료카이司馬凌海와 마찬가지로 타고난 어학 재능이 있었던 것일까?

나가사키의 분석구리소에서도, 오사카의 세이미국에서도 하라타마의 강의는 항상 미사키의 통역에 의해서 학생들에게 전해졌다. 앞 장에서도 언급한 바와 같이, 개교일에 있었던 하라타마의 기념 강연을 통역한 것도 미사키로, 그 전문이 『세이미국개강지설』로 출판되어 있다. 이어서 실시된 하라타마의 이화학 강의도 『이학신설』로 미사키의 손에 의해 간행되었다. 또한 하라타마가 조폐료造幣寮를 위해 강의한 금은화폐 성분의 화학분석론을 『금은정분金銀精分』으로 출판했다.

하라타마가 세이미국을 떠난 후, 미사키는 도쿄 대학 의학부 전신인 대학동교大學東校에서 대조교로 교편을 잡았다. 일본이 서양 학술을 수용한 상대는 유신 후 네덜란드에서 독일, 영국으로 바뀌었다. 1871년에 대학동교로 독일인 교사 벤자민 칼 레오폴트 뮐러Benjamin Carl Leopold Muller*와 테오도르 호프만Theodor Hoffmann*이 초빙되어 와 일본의 의학 교육 제도에 독일 의학이 채용되었다. 화학 분야에서도 네덜란드어에서 독일어로의 전환을 처음으로 추진한 것이 대학동교에 있던 미사키였다.

1870년 이래로 미사키는 독일의 화학분석 대가인 프레제니우스K. R. Fresenius의 분석서를 직접 독일어에서 번역하여 『시약용법試藥用法』〈그림 8・3〉, 『약품잡물시험표藥品雜物試驗表』, 『정성시험승옥定性試驗升屋』, 『시험입문서試驗階梯』 등의 화학분석서를 간행했다. 미사키는 독일어에도 어학 재능을 발휘하여 화학 연구에서 중요해진 분석학을 일본에 도입하는 데 주력했다. 그러나 1873년 5월에 고향인 후쿠이로 돌아가 결혼한 직후인 26세에 급사했다. 일본의 화학은 미사키, 마쓰모토와 세이미국 출신의 유망한 화학 개척자들을 연이어 잃게 되었다.

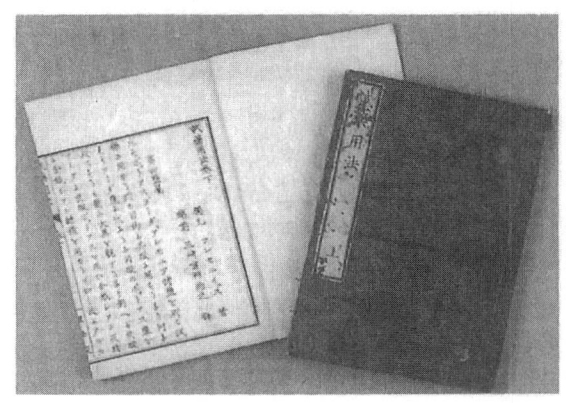

〈그림 8·3〉『시약용법』

개교 직후 하라타마는 세이미국에서 일본인 이화학 교사를 양성하고자 기획했다. 청강생 중에서 우수한 학생을 몇 명 뽑아 조수로 채용해 학생 교육을 담당하게 했다. 그 가운데 제1등 조수가 기시모토 이치로岸本一郎〈그림 8·4〉였다. 기시모토의 숙모는 적숙을 연 오가타 고안의 부인인 야에八重였다. 기시모토는 어릴 때부터 숙모에게 맡겨져 적숙에서 자랐다. 1866년에 막부가 파견하는 영국 유학생에 17세의 나이로 선발되어 영국으로 파견되어 런던대학에서 화학을 전공하고자 했다. 마쓰모토와 함께 기시모토는 일본 최초의 화학 유학생이었다.

기시모토도 세이미국이 창립될 때 귀국해서 하라타마의 조수가 되어 강의와 실험을 맡았다. 하라타마가 세이미국을 사임한 뒤 후임으로 온 리테르 밑에서 계속 문부성 조수로 근무하다가 1871년 대장성大蔵省에 지폐료가 개설되었을 때 일본에서는 소수밖에 없었던 화학기술자로서 지폐료 세이미국장으로 발탁되었다.

〈그림 8·4〉 기시모토 이치로

유신 후 근대국가에 동참하게 된 일본이 우선 당면한 것은 세계에 통용되는 화폐제도의 통일이었다. 홍콩에 있었던 조폐국 시설을 그대로 옮겨 오사카 조폐국을 열고 핀치R. H. Finch 등 영국인 기술자를 고용해 1871년부터 금속 화폐 주조를 개시했다. 지폐도 같은 해 도쿄에 지폐료가 개설되었는데, 당초에는 국산 지폐를 만들 수 없어 독일에 제작을 의뢰해 수입하고, 위조를 막기 위해 압인해서 국내에서 유통하기로 했다. 이를 위해서는 모조할 수 없는 특수한 인주를 제조해야만 했다. 여기에도 화학 기술이 필요했다. 지폐료에서는 1872년에 미국인 기술자 안티셀 T. Antisell을 고용하여 제작을 의뢰하고, 동시에 기시모토 이치로를 초대해 안티셀의 화학 기술을 계승하고자 했다. 당시 일본 전체에 그러한 기술자가 많지 않았다. 런던 대학과 세이미국을 거친, 일본에서는 귀중한 존재였던 화학기술자로서 기시모토는 조폐국의 세이미국장으로 임명되어 안티셀과 공동으로 특수한 인

〈그림 8·5〉 니시가와 도라노스케

주의 제법을 개발하는 데 성공했다.

1876년에 안티셀이 임기를 마치고 귀국했기 때문에 기시모토
는 조폐료가 대장성 인쇄국으로 개명한 인주제조 부문의 책임
자가 되어 일본 지폐 제조도 자립할 수 있는 체제가 갖추어졌
다. 그 바로 전인 1878년에 기시모토는 폐결핵에 걸려, 같은 해
에 만 28세의 짧은 생애를 마쳤다. 도쿄 고마바駒場의 고린사高林
寺에는 당시 대장성 인쇄국 직원 전원이 그의 죽음을 안타까워
하며 돈을 갹출하여 지은 높은 비석이 남아있다. 왜 이렇게까지
세이미국의 후계자들에게 불행이 닥치는 것일까? 일본 화학의
개척자로서 누구보다도 기대를 모았던 사람들이 일찍 세상을
떠난 것은 일본 화학에 있어 크나큰 손실이었다.

곤란한 것은 대장성 인쇄국의 담당자였다고 생각된다. 도쿄
대학교 이학부에서 졸업생이 배출된 것은 1877년 이후였으므로

그즈음 일본에는 전국을 뒤져도 근대화학의 세례를 받은 화학자는 드물었다. 그러한 때에 런던으로 유학하여 화학을 전공하는 일본인이 있다는 정보가 들어왔다. 인쇄국은 급히 이 유학생, 니시가와 도라노스케西川虎之助를 일본으로 불러들이기로 했다. 니시가와는 히로시마 출신으로 1869년 만 15세에 히로시마번의 외국유학생으로 영국에 건너가 1874년에 케이티 윈터K. W. Winter 양과 결혼하고 응용화학자로서 영국에 뼈를 묻기로 결심했던 것 같다.

니시가와는 1879년에 부인과 함께 귀국해 인쇄국에 들어가 메이지 초기의 요람기에 일본 화학공업의 발전에 공헌했다. 인쇄국에서 니시가와는 르블랑 소다법31)에 의한 비누류와 표백분의 제조, 황산나트륨, 염산 등의 화학약품 제조, 일본 최초의 연실황산鉛室黃酸 제조 등을 통해 당시 일본의 기간공업화학의 과제를 연이어 해결해 냈다. 니시가와는 후에 인쇄국을 떠나 민간인으로 오사카 유조大阪硫曹(주식회사)와 오사카 알칼리에 근무하면서 일본의 산·알칼리 공업 및 비료공업의 기초를 닦는 데 전념했다. 그는 1929년에 사망하여 도쿄 아오야마青山 묘지에 케이티 부인과 함께 잠들어 있다.

---

31) 르블랑 소다법 : 18세기 말 처음으로 확립된 탄산나트륨의 공업적 제조법. 19세기 중엽까지 활발하게 사용된 방법이다. 프랑스의 화학자 니콜라 르블랑Nicolas Leblanc(1742~1806)이 고안했기 때문에 명명된 이름이다.

9. 교토 세이미국을 설립한
아카시 히로아키라

    교토 호리가와堀川의 의사 집안에서 태어난 아카시 히로아키라 明石博高[*] 〈그림 9·1〉는 젊을 때부터 서양의학과 이화학에 깊은 관심을 품고 1866년에 연신사煉眞社라고 하는 이화학 연구회를 자택에 설립하여 화학 강의와 실험을 실시했다.

    1869년에 오사카에 네덜란드인 의학자 보드윈과 화학자 하라타마가 와서 오사카 의학교와 세이미국이 건립되었다는 것을 알게 된 아카시는 교토에서 의학교 부속 의학약국에 책임자로 부임되었다. 또 가까이 있던 세이미국에도 다니면서 전습생으로서 하라타마의 화학 강의를 듣고 학식을 깊이 했다.

    아카시는 연신사 시절부터 교토부 대참사大參事 마키무라 마사나오槇村正直[*]를 알고 지냈는데, 1870년 윤10월에 마키무라에게 불려가 교토부에서 일하게 되면서 교토부의 권업勸業 정책을 지원하게 되었다. 그해 아카시는 오사카 세이미국을 본떠 가와라마치河原町 어지御池 (현재 교토 오쿠라호텔 지역) 에 교토 세이미국을 개설했다. 1873년에는 가모천賀茂川 강변의 에비스가와 거리夷川通 북쪽에 세이미국 본관이 설립되었고, 그 남쪽의 니조 거리二

〈그림 9·1〉 아카시 히로아키라

條通에 이르는 지역에 각종 제조사가 건립되어 교토 세이미국은 본격적인 활동기에 들어갔다 〈그림 9·2〉.

　이는 당시의 일본에서 아직 예가 없었던 최초의 지역산업이 었다. 교토 세이미국에서는 우선 일본에서 처음으로 비누를 제조했다. 이어서 리니멘트Liniments[32], 철포수鐵泡水라 불렸던 라무네ラムネ[33] 등의 음료와 얼음사탕氷糖, 표백분을 비롯해서 각종 약품, 안료, 도자기, 유리 등 많은 화학제품을 제조하게 되었다. 특히 교토의 니시진 직물西陣織[34]에 관계된 직물, 염료의 연구와 생산

---

32) 리니멘트Liniments : (액체·반액체의) 바르는 약
33) 라무네ラムネ : 탄산수에 레몬향료와 설탕으로 맛을 낸 일본 고유의 청량음료. 유리구슬이 들어간 독특한 병이 특색으로 유리구슬이 가스압력에 의해 올라가 입구가 밀폐된다.

〈그림 9·2〉 교토 세이미국

에 주력이 가해졌다. 또한 제사장製糸場, 제피장製皮場, 제지장製紙場
의 설비에도 이르러 아포테키アポテーキ라 불리는 합약合藥 회사도
설립되어 일본 의약 분업의 선구자가 되었다.

　1875년에 아카시는 또 교토 세이미국에 사약장司藥場 (훗날 위
생시험소) 을 부설하기로 결정하고, 네덜란드인 약학자 헤르츠
A. J. C. Geerts[*] 〈그림 9·3〉를 초빙했다. 헤르츠는 여기에서 화학,
약학 교육을 실시하는 한편 일본약국방의 원안을 작성했다. 훗
날 요코하마 사약장의 감독을 맡아 일본의 약물, 위생에 관한
행정에 공헌했다.

　1876년에 헤르츠가 요코하마 사약장으로 옮기자, 교토 세이미
국에 독일인 화학자 고트프리드 바그너G. Wagener[*] 〈그림 9·4〉를
맞이하고, 세이미국 내에 아카시를 교장으로 하는 화학교가 병
설되었다. 바그너는 미술공예에 조예가 깊어 채색이 아름다운
칠보의 연구도 실시했다. 현재 바그너의 기념비가 헤이안 신궁

---

34) 니시진 직물西陣織 : 교토의 니시진西陣에서 생산되는 직물. 주로 비단錦,
　　수자繻子, 금란金襴, 단자緞子 등 고급견직물을 말한다.

〈그림 9·3〉 헤르츠

平安神宮 도리이鳥居의 서쪽에 세워져 있다 〈그림 9·5〉. 또한 바그너가 교토 땅에 남긴 커다란 유산은 시마즈 제작소의 발족이었다. 바그너는 세이미국에 출입하고 있던 단야직鍛冶職의 시마즈 겐조島津源藏*를 지도해서 그즈음 수입되었던 과학 실험기구의 조작법을 가르쳤다. 이것이 계기가 되어 시마즈는 이화학 기계 제작에 전념하게 되어 현재의 시마즈 제작소가 탄생하게 되었다. 몇 해 전 이곳의 다나카 고이치田中耕一* 씨가 노벨 화학상을 수상하게 된 것을 생각하면, 세월이 만들어 내는 인연을 새삼 느끼게 된다. 또한 교토 세이미국의 화학교에서 바그너의 훈도를 받은 고이즈미 슌타로小泉俊太郎와 우에다 가쓰유키上田勝行* 등에 의해서 현재의 교토 약과대학이 설립되었다. 이처럼 아카시가 창

〈그림 9·4〉 바그너

립한 교토 세이미국은 교토의 근대화에 큰 역할을 했으며, 현재까지 그 영향력을 남기고 있다고 하지 않을 수 없다.

아카시 히로아키라는 화학과 약학 업적 외에도 사업가로서 교토의 문화진흥을 위해 폭 넓게 공헌했다. 예컨대, 가모천 강변의 목축장 개설, 교토 박람회 개최, 니시진 직물西陣織이라는 고급 비단을 직조하기 위한 쟈가드 직기 구입, 마루야마円山 공원의 수양벚나무 보존, 마루야마 요시미즈吉水 온천 개설, 모모야마성桃山城 유구遺構의 당문唐門 보존, 교토 미술학교 개설, 교토 기상대 개설 건의 등등 실로 다채로운 활약의 흔적을 남겼다.

교토 세이미국은 아카시를 지원한 마키무라 지사에 의해 메이지 초기 교토의 산업진흥정책의 중핵에 위치하고 있었다. 그러나 1881년에 마키무라 지사가 경질되면서 교토부의 정책이

〈그림 9·5〉 교토 오카자키에 있는 바그너 기념비

전환되어 세이미국의 경영은 아카시에게 매각하게 되었고, 결국 재정 유지가 곤란해졌다. 또한 1895년에는 세이미국 본관이 소실되는 불운이 닥쳐 아카시는 실의에 빠져 있다가 1910년에 생애를 마감했다.

10. 우쓰노미야 사부로가 일본에서 화학공업을 개척하다

1834년 나고야에서 태어난 우쓰노미야 사부로宇都宮三朗* 〈그림 10·1〉는 처음에 무예를 닦고자 했으나 서양식 포술을 공부하는 가운데 화약의 초석은 질산과 칼륨으로 구성되어 있다는 것을 알게 되었다. 화학 지식이 없으면 깊이 있게 포술에 관해 알 수 없음을 깨닫고 화학을 공부하기 시작하면서 우다가와 요안의 화학서 『세이미 개종』을 독학했다. 페리가 일본으로 내항한 것을 계기로, 오와리번尾張藩도 유망한 청년을 에도로 보내 포술을 공부하도록 했다. 여기에 우쓰노미야가 선발되어 에도로 나와 스기다 세이케이杉田成卿* 등의 난학자와 교류하면서 화학 지식을 쌓았다.

그러던 중에 우쓰노미야는 포술가로서 입신할 결심을 하고 오와리번을 탈번해 사쿠라노바바櫻の馬場의 대포 제조소에서 바탕쇠를 분석하여 구리 69부와 주석 31부로 구성되는 합금을 만들어냈다. 또 가쓰 가이슈勝海舟*에게 의뢰를 받아 지뢰 점화용 갈바니 전지를 개량하여 고가의 아연에 대체할 수 있는 염가의 철을 사용한 장치를 만들어냈다. 이로서 가쓰의 신용을 얻어 그

〈그림 10·1〉 우쓰노미야 사부로

의 주선으로 우쓰노미야는 1861년에 막부의 번서조소의 정련방
에서 일하게 되어 조교로 화학 연구에 몰두하게 되었다. 그 때
교수직은 가와모토 고민이었다.

번서조서가 개칭하여 양서조서가 되고, 1863년에는 다시 개성
소가 되었을 때, 우쓰노미야가 정련방 부문의 명칭을 화학소로
고칠 것을 건의했다. 1860년에 가와모토 고민이 『화학신서』를
저술했을 때, 그때까지 사용했던 '세이미'를 대신해서 '화학'이
라는 명칭이 처음 사용되었는데, 일본의 공적기관 명칭으로 '화
학'이라는 말이 사용된 것은 개성소 내의 '화학소가 처음이었
다. 화학소는 고지인가하라護持院ヶ原, 지금의 간다神田 교리쓰 강당
共立講堂, 교리쓰 여자학원 주변이었다. 그 사이에 우쓰노미야는
강무소講武所[35])에도 출근하여 대포를 주조하도록 명을 받고 바탕

쇠의 분석과 화약과 마찰관 개량 등을 실시했다. 마찰관이라는 것은 기폭제인 뇌관의 일종으로, 시나가와品川 앞바다에 정박하고 있던 영국군함으로부터 이 마찰관을 얻은 우쓰노미야가 1개월도 채 지나지 않은 사이에 화학분석하여 그 기폭제가 염소산칼륨이라는 것을 밝혀내고, 같은 것을 제작하여 영국인들을 놀라게 했다고 한다.

1866년의 조슈 전쟁長州戰爭 때 우쓰노미야는 기슈紀州 번사藩士로 종군했지만, 히로시마에서 각기병을 앓아 에도로 돌아왔다. 이때 요양하면서 진료해준 사람이 개성소에 와 있던 네덜란드인 하라타마였다. 그러한 인연으로 하라타마와 친밀해졌다. 병이 나은 1869년에 우쓰노미야는 개성학교에 가까운 간다 니시키코지錦小路裏丁의 자택에서 화학 전문 사숙인 금경사錦徑社를 열어 제자들에게 화학을 교수했다.

우쓰노미야 사부로에게는 기인으로서의 일화가 많다. 심한 각기병에 걸려 회복이 순조롭지 않게 되자 죽음을 각오하고, 이제 국가를 위해 아무 것도 할 수 없으므로 자신의 사체를 국가에 바치고 싶다고 생각했다. 에도의 이즈미바시和泉橋에 있었던 대병원 (훗날 도쿄대 의학부의 전신) 으로 사후에 자신의 유체 해부를 청하는 '해부 지원서'를 제출했다. 이는 일본에서 해부지원 제1호였다.

1870년에 우쓰노미야는 당시 대학이라 불리던 문부성의 대조

---

35) 강무소講武所 : 1854년에도 막부가 하타모토旗本와 고케닌御家人에게 검술과 창술, 포술 등을 강습하기 위해서 설치한 무술 훈련소. 처음에는 쓰키지築地 철포주鐵砲洲에 설립되었지만 나중에 간다神田 오가와마치小川町로 이전했다. 1866년 육군소陸軍所가 설치되면서 폐지되었다.

〈그림 10·2〉 우쓰노미야 사부로와 하라타마

교에 임명되어 하라타마가 오사카에 개설한 세이미국에 파견되었다. 얼마 후 우쓰노미야가 하라타마와 함께 찍은 사진이 남아 있다〈그림 10·2〉. 하라타마의 영향이 있었기 때문인지 이즈음부터 우쓰노미야는 일본에서 화학공업의 중요성을 인식하고 그 개발에 힘을 쏟게 되었다.

1872년에 문부성에서 공부성으로 옮긴 우쓰노미야는 구미로 화학공업 시찰을 갔다. 그즈음 메이지 정부는 요코스카橫須賀 제철소에서 조선造船을 위한 도크dock를 건설하기 시작했는데, 그 때문에 프랑스에서 수입한 시멘트가 거액에 달했기 때문에 시멘트의 국산화가 추진되었다. 구미 여행에서 귀국한 우쓰노미야에게 시멘트 제조의 명이 내려졌다. 이 명을 받은 우쓰노미야는 1873년에 도쿄 후카가와深川 기요스미淸澄의 시멘트 제조소〈그림

〈그림 10·3〉 후카가와 기요스미淸澄에 있는 시멘트 제조소 유적

10·3〉에서 일본 최초의 시멘트 제조에 성공했다. 영국에서 얻은 신지식을 가지고 영국식 습식법을 채용해 백악白堊 대신에 소석회消石灰를 하천의 진흙과 섞어 건조, 소성하여 포틀랜드 시멘트Portland cement를 제조했다. 이 성분은 규산칼슘을 주로 하였으므로, 영국 포틀랜드 섬에서 채집한 석재와 색이라든가 외관이 비슷하기 때문에 이 이름으로 불리고 있다. 또한 우쓰노미야가 일본에서 포틀랜드 시멘트를 제조한 것은 미국의 제조 개시와 같은 해였다.

그 후 1881년에는 우쓰노미야의 지도로서 야마구치현山口縣 오노다小野田에, 훗날 오노다 시멘트의 전신이 되는 시멘트 제조회사가 설립되었다. 도쿄 후카가와의 시멘트 제조소는 1883년에는 민간인 아사노 소이치로淺野總一郎*에게 대여하여 아사노 시멘트가 되었다. 현재도 활발하게 제조되고 있는 일본의 시멘트 공업은 이렇게 우쓰노미야 사부로의 창업에서 비롯된 것이다.

우쓰노미야는 1880년에는 오사카 조폐국 인접지에 알칼리 주식회사를 창설하여 일본의 소다 공업을 처음으로 개척했다. 그 때문에 재차 해외시찰을 떠나 그 장치의 설계도면을 만드는 데 60일간이나 철야를 계속하여 사람들을 놀라게 했다고 전해지고 있다. 오사카 알칼리회사는 오래 가지 않았지만 그 경험은 '8장 세이미국에서 키워낸 일본 화학의 개척자들' 가운데 니시카와 도라노스케西川虎之助의 항에서 언급하는 대장성大藏省 인쇄국의 소다 제조국에서 가성苛性소다 (수산화나트륨) 와 소다회 (탄산나트륨) 의 제조 사업에도 활용되었다.

또 우쓰노미야는 제철 용광로 건설에 필요한 흰 벽돌 제조에도 고심했다. 그 기술은 시나가와 백벽돌제조소品川白煉瓦製造所의 내화벽돌 제조로 이어졌다. 그밖에 천연염료인 남藍의 제조법, 단반丹礬이라 불리는 황산동 광물을 사용하는 전신주電信柱의 부패 방지법, 목탄을 사용하는 제철법, 청주 방부법 등의 개발과 개선에 진력을 다하여, 메이지 초기 일본의 국내산업 발전에 필요한 화학 기술의 개발에 널리 공헌했다.

1902년 7월 23일 도쿄에서 우쓰노미야 사부로는 67세로 생을 마감하고 고향인 도요타시豊田市 고후쿠사幸福寺에 묻혔다.

1902년 우쓰노미야가 서거할 때 해부는 실행되지 않았으며 생전에 우쓰노미야가 고안한 특수한 관에 시신을 담아 매장했다. 그 관은 철판으로 제작된 것으로 방부와 소독이 목적인데 관의 한쪽 끝에 구멍을 뚫어 가느다란 관으로 황산철과 황산동 용액을 채운 유리병과 연결하여 외기와 통하는 특수한 장비가 설치되었다. 화학에 살고 화학에 죽는 선각자다운 자기 해결 방책이었다.

11. 일본의 제철사업을 시작한 오시마 다카토

　12월 1일 일본의 '철의 기념일'은 1858년에 이와테현岩手縣의 가마이시오하시釜石大橋에서 오시마 다카토大島高任〈그림 11·1〉가 일본 최초로 용광로에서 철광석으로부터 철을 뽑아내는 데 성공한 날을 기념하여 제정되었다.

　오시마 다카토는 1826년 5월 11일에 모리오카盛岡에서 태어나 17세 때 에도로 나와, 당시 최고의 난학자인 쓰보이 신도坪井信道, 미쓰쿠리 겐포箕作阮甫에게 난학을 배웠다. 1846년에 나가사키로 가서 『세이미국 필휴』의 저자이자 일본 사진술의 창시자로 알려져 있는 우에노 히코마上野彦馬의 부친인 우에노 슌노조上野俊之丞의 사숙에 들어가 난학을 보다 깊이 공부하였다. 나가사키에 가서 공부한 목적은 처음에는 의학을 공부하는 것이었지만 그 즈음부터 생각이 바뀌어 병학兵學으로 기울어져 야금冶金기술 습득에 관심을 가지게 되었다.

　그 즈음 이웃나라인 청에서는 아편전쟁 후에 굴욕적인 남경조약이 체결되어 홍콩이 영국으로 할양되었다. 서구 제국의 압력은 일본에도 닥쳐왔다. 1844년에는 네덜란드 국왕이 일본에

〈그림 11·1〉 오시마 다카토

개국을 진언해 왔다. 그러한 정세를 알게 된 청년들은 일본의
국운의 행방에 강한 불안을 품고 많은 난학도가 병학으로 향하
게 되었다. 오시마도 의학보다는 과학기술의 확립이 일본에 긴
요하다고 생각했는지, 1849년 나가사키 유학시절에 데즈카 리쓰
조手塚律藏*와 함께 울리히 휘게닌Ulrich Huguenin의 네덜란드 서적 『리
에주 국립 주포소의 주조법リェージュ國立鑄砲所における鑄造法』을 번역했
다. 이 책의 원서는 본래 스웨덴의 『철의 역사』가 독일어판을
거쳐 휘게닌에 의해 네덜란드어로 번역된 것으로, 벨기에의 리
에주Liège 제철소의 실태가 더해진 것이었다. 오시마 등은 이를
『서양철포주조편西洋鐵砲鑄造編』으로 번역했는데, 이 책은 이토 겐보
쿠伊東玄朴*에 의해 『철포전서鐵砲全書』 혹은 가나모리 긴켄金森錦謙*에
의해서 『철포주감도鐵砲鑄鑑図』로도 번역되어, 막부 말기의 일본의
제철에 유일한 중요 자료가 되었다. 일본에서는 고래부터 사철
沙鐵에 의한 제철이 행해지고 있었지만, 철광석을 이용하는 근대

〈그림 11·2〉 나카미나토那珂湊의 반사로反射爐

적 제철은 오시마 등의 난서 번역이 불씨가 되어 시작된 것이었다.

오시마는 다시 서양포술학을 공부하기 위해 나가사키에서 구마모토로 가서 이케베 게이타池部啓太*에 사사하고, 1849년에는 오사카 오가타 교안緖方洪庵의 적숙適塾에 입문하여 난학을 깊이 공부하면서, 동시에 오사카와 교토 각지에서 서양병학을 연구하여 대포 주조에도 종사했다. 그리고 다시 에도로 나와 이토 겐보쿠의 상선당象先堂에 들어가 서양포술학을 연마했다.

1854년에 오시마는 가고시마번의 다케시타 세이에몬竹下淸右衛門과 함께 미토번에 고용되어 나카미나토那珂湊에서 대포를 주조하기 위해 반사로反射爐 건설을 시작했다〈그림 11·2〉. 그때 원료 철을 확보하기 위해 간 곳이 현재 이와테 오하시이며, 처음으로

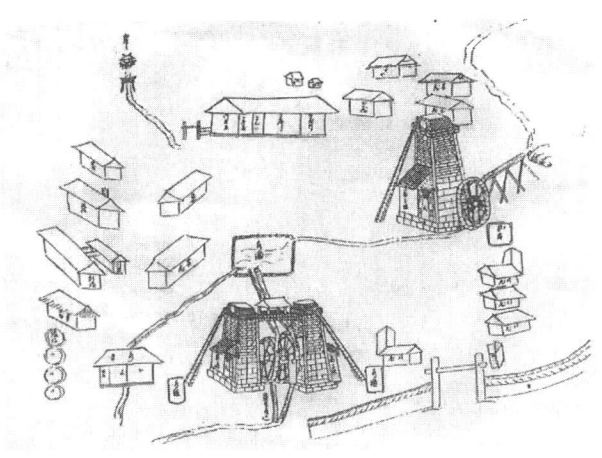

〈그림 11·3〉 오하시 용광로

제철용 용광로 건설을 계획했다. 1857년 11월에 오하시 용광로 〈그림 11·3〉가 완성되었고, 1858년 12월 1일에 그 용광로로부터 일본 최초로 근대제철에 의한 쇳물이 흘러나왔다. 오시마는 이를 위해 스스로 번역한 『서양철포주조편』을 참고한 것은 물론이거니와, 많은 창의적인 고안을 하여 실용적인 제철기술을 일본에 처음 확립할 수가 있었다. 오하시 용광로에 이어서 가마이시 지방에서는 메이지에 이르기까지 총 10기의 용광로가 건설 가동되었다.

오시마는 그즈음부터 광산, 야금에 관한 기술자로서의 실적을 쌓으면서 동시에 모리오카번의 식산에 대해서 의견을 내고 있었다. 1861년에 '식산흥업장려론殖産興業奨勵論'을 써서 소금, 철, 기타 여러 금속 외에 각종 양조산업, 화학약품, 농수산물의 생산 촉진을 번에 호소했다. 또한 번의 이화학교를 설립하여 의학, 이화학, 박물학을 교수할 필요성을 역설했다. 이에 의해 모리오카의 히가시나가노무라東中野村에 일신당日新堂이 설립되고, 오시마 자신은 그 학교의 총독이 되어 물리, 화학, 물산학 강의를 실시했다. 일신당에서 공부한 인재 가운데 훗날의 사상가인 니토베이나조新渡戸稲造[*], 물리학자인 다나카 다테아이키쓰田中舘愛橘[*] 등이 배출되었다. 이어서 오시마는 남부번의 제철소, 구리광산 등의 어용괘御用掛에 임명되어 광산기술자로서 역량을 발휘했다.

1863년에는 남부번에 대해 다시 '번정 개혁서藩政改革書'를 제출하여 교육, 국방, 식산, 재산에 관해 선경지명 있는 의견을 제안하였다. 여기에서 고도의 전문지식을 가진 사회조직을 관리하고 운영하는 과학관료의 선구자 모습을 엿볼 수가 있다.

메이지 시대가 되어 메이지 신정부에 대장성大藏省이 설치되자마자 오시마는 그곳에 광산사鉱山司로 초빙되었고, 다시 민부성民部省으로 옮겨 광산권정鉱山權正이 되었다. 1870년에 오시마는 오키다카토大木喬任[*]에게 갱학료坑學寮를 창설하도록 역설했다. 이것이 받아들여져 1871년에 공학료가 신설되었는데, 이 공학료가 공부共部대학교를 거쳐 오늘날 도쿄 대학 공학부로 발전한 것을 생각하면, 오시마야말로 일본 고등공학교육의 어버이라 할 수 있다.

1871년에 오시마는 조약 개정을 위한 파견단 일원으로 유럽으로 갔다. 이 기회에 오시마는 구미 각지의 여러 광산을 정력적으로 시찰한 다음, 독일의 프라이베르크Freiberg에 반 년간 체재하면서 당시 최신의 채광학과 광물학을 체득하고자 노력했다. 이때 오시마는 대량의 광물 표본과 분석기기, 광산학 관련 서적을 구입하여 일본으로 가져와 일본에 새로운 광산학을 도입하고자 했다. 이때 오시마는 자신이 일본에서 창시했던 용광로 기술이 이미 시대에 뒤떨어졌으며, 새롭게 평로平爐[36]와 회전로轉爐

에 의한 용강법으로 바뀌었다는 사실을 알게 되었다.

귀국 후, 오시마는 가마이시에 설립이 계획되어 있었던 관립 제철소의 위치 선정에 관해 독일인 기술자 비얀히와 의견이 맞지 않아 그 설립의 주역 자리를 양보하게 되었다. 그러나 그 후에도 오하시는 광산 책임자로 임명되어 고사카小坂 광산37), 아니阿仁 광산38), 사도佐渡 광산39)의 국장을 역임하는 등 일본의 광산 경영에 큰 족적을 남겼다. 사도 광산에는 '다카토 갱橋任坑'이라는 이름의 수갱竪坑40)이 남아있다.

1890년에 오시마는 일본광업회 초대회장으로 취임했다. 만년에는 장남 미치타로道太郎가 부친의 뜻을 이어 하치망八幡 제철소에서 활약하는 것을 지켜보면서 나스那須 포도원에서 포도주 양조와 도쿄 니시가하라西ヶ原에서 녹차 재배 등의 농산 사업에 관여했다. 1901년 3월 29일에 향년 74세로 생애를 마감하고, 도쿄 덴노사天王寺의 묘지에 묻혔다.

---

36) 평로平爐 : 제강製鋼에 쓰는 직사각형 반사로

37) 고사카小坂 광산 : 아키타현秋田縣 동북부인 가즈노군鹿角郡 고사카마치小坂町에 있는 동광산銅鑛山. 흑광광상黑鑛鑛床으로 본래 남부번南部藩이 경영했다.

38) 아니阿仁 광산 : 아키타현秋田縣 북아키타시北秋田市 남부에 있었던 동산銅山. 오래전에는 금은이 산출되었고 나중에는 동산으로 번성했다. 1970년 휴산休山

39) 사도佐渡 광산 : 니가타현新潟縣 사도시佐渡市 아이천相川 주변에 있었던 금은광산. 에도 시대에는 막부의 직할지로 사도 부교佐渡奉行가 놓였었다. 사도 금산佐渡金山이라고도 불렸다.

40) 수갱竪坑 : 수직으로 파 내려간 갱도

12. 일본 화학의 발족에 공헌한
정부 고용 외국인들

 메이지 신정부가 발족된 1868년, 정부는 도쿄 간다 히토쓰바시의 현재 교리쓰 여자학원 주변에 있던 막부 시대의 개성소를 접수하여 개성학교開成學校로 부활시켰다. 이 개성학교는 그 후 대학남교大學南校, 남교南校로 교명을 바꾸고, 1874년에 현재 학사회관이 있는 장소에 신교사를 세워 교토개성학교라 개칭했다. 화학 관계로는 화학과 외에 광산학과도 설치되었다. 광산학과는 특히 독일어를 배우는 사람들을 위해 설치된 것이었다. 도쿄개성학교에 초빙된 고용 외국인 화학교사로 윌리엄 엘리어트 그리피스William Elliot Griffis*, 헤르만 리테르Hermann Ritter*, 에드워드 워렌 클락Edward Warren Clark, 로버트 윌리엄 앳킨슨Robert William Atkinson*이 있었다.

 메이지 유신 후, 메이지 정부가 발족했어도 1871년까지는 아직 각지의 번 제도가 남아 있었다. 그 사이에 각 번은 경쟁이라도 하듯이 외국인 교사를 고용하여 각 번교藩校는 독자적으로 교육을 실시했다. 그 가운데 화학 전문가가 몇 명 일본에 와 있었다. 후쿠이번福井藩은 1870년에 미국 러트거스 대학교Rutgers University

93

에서 그리피스를 초빙하여 후쿠이의 명신관明新館에서 화학과 물리학을 교수하게 했다. 그러나 이듬해 폐번치현廢藩置縣[41]이 되었기 때문에 그리피스는 도쿄로 불려가 도쿄개성학교의 전신인 남교에서 이화학 교편을 잡게 되었다.

그리피스의 강의를 들었던 학생 가운데 훗날 도쿄 대학에서 최초의 일본인 화학 교수가 된 사쿠라이 조지櫻井錠二*를 비롯해 이 책에서 언급하게 될 일본화학회의 초대회장이 된 구하라 미쓰루久原躬弦* 등이 있었다. 그리피스는 일본 화학을 낳은 아버지라 말할 수 있다.

1874년에 그리피스는 미국으로 귀국했지만 근대 일본이 탄생되는 시기에 일본이 조우한 소수의 서양인으로서 1915년에 쓴 『미카도－일본의 내적인 힘』(가메이 슌스케龜井俊介 번역, 1995, 이와나미 문고岩波文庫) 등 일본을 소개한 많은 저서를 남겼다.

1871년에 오사카 세이미국의 네덜란드인 교사이던 하라타마가 임기를 마치고 귀국한 후에 독일인 리테르가 부임했다. 리테르는 앞서도 언급한 바와 같이 요소의 인공합성으로 유명한 프리드리히 뵐러Friedrich Wöhler의 문하로 세이미국의 후신인 오사카 이학소에서 열심히 이화학을 강의했다. 그 강의록은 이치카와 모리사부로市川盛三郎의 번역으로 『이화일기理化日記』로 간행되었고, 다시 『이학일기理學日記』, 『화학일기化學日記』로 나뉘어 간행되어 당시 널리 읽혔다. 그러나 메이지 정부가 기반을 잡게 되면서 지방에 분산해 있던 고등전문 교육기관을 도쿄로 집중시켜 재편

---

41) 폐번치현廢藩置縣 : 메이지 정부가 중앙집권화를 위해 1871년에 전국의 261번을 폐하고 부현府縣을 둔 것. 전국 3부府 302현縣이 설치되었으며, 같은 해 말에 3부 72현이 되었다.

〈그림 12・1〉 로버트 윌리엄 앳킨슨Robert William Atkinson

성하는 교육의 중앙집권주의에 근거해서 오사카 이학소도 1873
년에는 폐쇄되고 도쿄개성학교로 옮겨졌다. 리테르도 도쿄개성
학교에서 광산학을 교수했다. 리테르는 교사로서 인망이 높아
학생들로부터 존경을 받았지만 불행하게도 다음해 천연두에 걸
려 사망했다. 향년 46세였다. 리테르는 뷜러에게 배운 독일식
화학을 도쿄개성학교에 뿌리내리고자 했지만 이루지 못하고 요
절했기 때문에, 그 후 메이지 초기의 일본 화학은 영미학파가
활약하게 되었다.

그리피스의 후임으로 영국인 앳킨슨Atkinson 〈그림 12・1〉이
도쿄개성학교에 부임했다. 앳킨슨은 진지하고 학구적인 학자로
무기, 유기, 분석, 응용 화학 전반에 걸친 강의를 혼자서 담당했
으며, 학생들의 화학실험도 열심히 지도했다. 서양 화학을 조직
적으로 일본에 이식하고자 했던 앳킨슨의 공적은 크게 평가된

다.

1875년에 앳킨슨의 훈도를 받은 도쿄개성학교 학생 중 마쓰이 나오키치松井直吉* 등 3명은 미국 콜롬비아대학으로 유학했으며, 나중에 각자 유학을 마치고 도쿄 대학으로 돌아와 외국인 교사를 대신해 처음으로 일본인 화학 교수가 되었다.

앳킨슨은 영국에 있었을 때 일본에 대한 이해가 깊었던 런던대학의 윌리암손A. Williamson의 조수로 있었다. 윌리암손은 막부 말기에 영국으로 건너간 이토 히로부미伊藤博文* 등을 보호하고, 나중에는 사쿠라이 조지를 받아들인 영국 화학의 거장이었다. 윌리암손이 여명기의 일본 화학 발전을 위해 추천하여 파견된 사람이 그의 애제자 앳킨슨이었다.

내일한 앳킨슨은 교육에 전념하는 한편 일본의 전통기술에 대한 화학연구도 실시했다. 그 연구 중 하나에 일본술의 연구가 있다. 그 가운데, 일본에서는 300년 전부터 가열火入れ · boiling에 의한 살균법을 이용하여 일본술을 저장했던 사실을 처음으로 세계에 보고해 그즈음 파스퇴르 살균pasteurization이라고 하는 저온살균법으로 포도주 부패 방지법을 발견한 서양을 놀라게 했다. 앳킨슨은 그 밖에도 마경魔鏡42), 쪽 등 일본 특유의 현상이나 산물에 관한 연구도 실시했다.

도쿄개성학교의 학생에는 공진생貢進生 즉 관비학생으로 우수한 학생이 전국에서 모여들었다. 그 중에서 화학 전공자로는 앞서 언급한 구하라 미쓰루, 사쿠라이 조지, 마쓰이 나오키치 외에 히라가 요시미平賀義美* (이시마츠 사다무石松定), 스기우라 시게

---

42) 마경魔鏡 : 거울에 강한 빛을 쪼일 때 특수한 무늬의 상이 반사되도록 만든 구리거울.

타케杉浦重剛*, 다카마쓰 도요키치高松豊吉* 등이 있는데, 모두가 나중에 여명기의 일본 화학의 추진자가 되었다. 그들 중에 스기우라 시게타케는 훗날 화학자에서 전향하여 국수주의자가 되어 동궁東宮 어학소御學問 어용괘御用卦가 되었다.

메이지 초년부터 10년에 이르는 사이에 일본의 과학자 양성 기관에는 도쿄개성학교 외에 동교와 공부성 공학료가 있었다. 쇼헤이자카 학문소昌平坂學問所43)에 있었던 막부의 학문소가 고등교육의 중추로서 '대학교'라 불리고, 그보다 동쪽의 시타야下谷 이즈미바시和泉橋에 있던 의학교가 동교, 남쪽의 히토쓰바시一ツ橋에 있던 개성소가 남교라 불렸다.

그 후 동교는 다시 대학동교, 도쿄 의학교로 여러 번 개칭되었지만, 이 대학동교시대에 입학한 나가이 나가요시가 1870년에 제1회 정부해외유학생으로 베를린 대학으로 파견되어 훗날 일본 약학의 개척자가 되었다. 1875년에는 훗날 세계적 세균학자인 기타사토 시바사부로北里柴三郎*가 구마모토熊本에서 상경하여 도쿄의학교에 입학했다.

1877년 4월에 도쿄개성학교와 도쿄의학교가 병합하여 도쿄대학이 되었다. 캠퍼스는 각각 히토쓰바시와 이즈미바시和泉橋에서 점차 혼고本鄕의 가가加賀 번주藩主 저택 자리인 현재의 도쿄

---

43) 쇼헤이자카 학문소昌平坂學問所 : 에도 막부의 학문소. 1630년 하야시 라잔林羅山이 설립한 사숙私塾에서 시작되어 1690년 쇼군將軍 도쿠가와 쓰나요시德川綱吉의 명으로 유시마湯島로 이전되었다. 1787~1793년에 있었던 간세이寬政 개혁 때 막부 직할 학문소가 되었다. 주자학을 정학正學으로 하고 막부 신하와 번사 등을 교육했다. 메이지 유신 후에 쇼헤이학교昌平學校로 되었다가 다시 대학교大學校라 개칭되었으나 1871년에 폐쇄되었다.

대학 장소로 이동되었다. 이때의 도쿄 대학교는 법학부, 문학부, 이학부, 의학부 4학부로 구성되었는데, 이학부에는 5개과 중 하나로 화학과가 개설되었다.

도쿄 대학의 화학과 교사에는 도쿄개성학교 시대에 있었던 앳킨슨Atkinson에 더하여 미국인 프랭크 패닝 주잇Frank Fanning Jewett[*]도 취임했다. 주잇은 1학년의 일반화학과 정성분석 교수를 담당하고 앳킨슨이 정량분석을 강의했다. 도쿄 대학 화학과 학생은 도쿄개성학교로부터 이어졌기 때문에 도쿄 대학 창립 반년 후인 같은 해 7월에 제1회 졸업생을 배출했다. 일본 최초의 화학과 졸업 이학사는 다카스 로쿠로高須祿郎, 구하라 미쓰루, 미야자키 미치마사宮崎道正 3명이었다.

생물학 교사인 에드워드 모스Edward Morse가 발견한 오모리 패총大森貝塚[44])에 대한 화학분석을 담당한 사람은 화학 교사였던 주잇이었다. 1880년에 미국으로 귀국한 주잇은 오벌린 대학교Oberlin College에 들어갔는데, 그곳에서 가르친 제자 가운데 알루미늄의 공업적 제법을 발명한 찰스 마틴 홀Charles Martin Hall이 있다.

1881년에 앳킨슨이 영국으로 귀국한 후에는 9장에서 언급한 독일인 바그너가 초대되었다. 바그너는 1868년에 일본에 와서 사가번佐賀藩에서 제도製陶 기술을 지도했는데, 1873년에는 빈, 1876년에는 필라델피아에서 개최된 만국박람회에 출장 가서 일본정부 고문으로 일본의 식산물을 처음으로 세계에 소개했다. 그 후 도쿄개성학교 내에 설치된 제작학교에서 일본 화학기술

---

44) 오모리 패총大森貝塚 : 도쿄도東京都 오모리역大森驛 부근에 있는 죠몬繩文 시대 후기의 패총. 1877년 미국의 모스가 발견·발굴하여 일본 근대고고학의 단서가 되었다.

〈그림 12·2〉 에드워드 다이버스Edward Divers

자 양성에 진력했다. 1878년부터 2년간은 도쿄 세이미국에 초빙되어 교토의 지역산업 진흥 특히 도자기, 칠보 등의 제법 개량에 힘썼다.

바그너는 1881년에 도쿄 대학 이학부에 초청되어 제조화학을 담당했다. 도쿄 대학은 1886년에 도쿄 제국대학으로 개조되었는데, 이 때 바그너는 공과대학 응용화학 교사로 옮겨가 현재 도쿄 대학 공학부의 기초를 닦았다. 동시에 현재 도쿄공업대학의 전신인 도쿄직공학교의 교사도 겸임해서 도기·유리공학과 교수에 취임하여 일본의 도자기와 유리 제조화학 발전에 큰 공헌을 했다. 또한 바그너는 일본의 미술공예에 조예가 깊어 스스로 아사히 도기朝日燒45)를 창제해서 그 제조사업도 전개했다.

앳킨슨이 1881년에 영국으로 돌아간 후에는, 앞서 언급한 바와 같이, 영국에서 유학하고 있던 사쿠라이 조지가 귀국하여 이학부 교수가 되고, 앳킨슨에 이어 순수화학 강의를 담당한 것은 도쿄 대학에서 일본인에 의한 화학교육의 시작이었다.

한편, 1873년에 도라노몬虎ノ門에 개설된 공부성工部省 공학료工學寮에 영국에서 교수단이 도착했다. 도검都檢이라 불린 교장격에는 헨리 다이어Henry Dyer*가 취임하고, 화학교사로는 에드워드 다이버스Edward Divers* 〈그림 12·2〉가 취임했다. 개성학교에서는 화학의 이론교육이 존중된 것과 대조적으로, 공학료에서는 실험연구를 중시하는 공학교육이 이루어졌다. 그것은 메이지 시대의 일본에 창의성 풍부한 화학자를 탄생시킨 학풍을 만들어냈다.

1877년에는 공부工部대학교로 개칭되었고, 1886년에는 도쿄 대학으로 흡수되어 공과대학이 되었다. 그때까지 공부대학교에서 교편을 잡고 있던 다이버스는 이때 이과대학 교사로 옮겨간 뒤 1899년에 영국으로 귀국할 때까지 26년간 일본에 체재하며 일본의 화학 연구를 궤도에 올리기 위해 힘을 쏟았다. 다이버스는 교육뿐 아니라 자신의 연구에 있어서도 하이포아질산염[次亞硝酸塩]의 발견을 비롯해서 질소와 황의 무기화합물 연구 분야를 개척했다. 다이버스의 훈도를 받는 제자 중에 아드레날린이나 아스타제를 발견한 다카미네 조키치와 시모세 화약의 발견으로 알려진 시모세 마사치카下瀨雅允, 새로운 원소 니포늄nipponium[46]의 발

---

45) 아사히 도기朝日燒 : 1600년 전후해서 야마시로山城(교토부京都府) 우지宇治의 아사히산朝日山에서 제작된 도기陶器. '朝日'이라는 명인銘印이 있다.

46) 니포늄nipponium : 레늄rhenium을 말한다(원자번호 75인 원소. 원소기호 Re). 1908년 일본의 화학자 오가와 마사타카小川正孝가 43번 원소를 발견하여 이를 니포늄nipponium(Np)이라 명명했다고 발표했다. 그러나 나중에

견을 보고한 오가와 마사타카小川正孝 등 메이지 시대의 일본을 대표하는 화학자가 배출되었다.

다이버스는 1837년에 런던에서 태어났다. 훗날 베를린 대학에서 세계의 유기화학 메카가 된 연구실을 열었던 호프만이 런던의 왕립화학학교The Royal College of Chemistry에 부임하여 영국의 화학을 진흥시키고자 했던 시기에 입학했던 다이버스는 호프만으로부터 깊은 감화를 받았다. 런던에 있던 시기에 다이버스는 화학사에 길이 남을 하이포아질산[大亞硝酸]을 발견했다.

일본으로 온 다음에는 일본인 화학자를 육성하는 데 헌신하며 생애를 보냈다. 1884년에 실험 중에 저장해 둔 삼염화인三塩化燐의 유리병을 열려고 했을 때, 내압에 의해 폭발한 병의 유리 조각에 부상을 입어 오른쪽 눈의 시력을 거의 잃어버려 책을 읽을 때 근거리까지 눈을 가까이 해야만 했다. 학생 때 다이버스에 접한 마지마 리코眞島利行*는 '내 생애의 회고'에서 다이버스에 관한 인상을 다음과 같이 적었다. "다이버스 선생은 아주 심한 근시이며 또한 한쪽은 시력이 충분하지 않은 데도 불구하고 이른 아침부터 저녁까지 연구실에 파묻혀서 조수도 없이 혼자 실험에 몰두했다. 그 태도에 크게 감동받지 않을 수 없었다."

다이버스는 여러 일본인 공동연구자와 함께 많은 연구를 하

43번 원소는 지구상에 존재하지 않는다는 사실이 판명되어 취소되었고, 원소기호로 사용될 예정이었던 Np는 넵투늄neptunium에 사용되었다. 오늘날에는 오가와가 발견한 것이 레늄이었다고 알려져 있다. 당시 X선분광장치X線分光裝置를 입수하지 못해 정확한 측량을 할 수 없었기 때문에 잘못해서 43번 원소로 원자량 약 100인 원소로 발표한 것이다. 이후 1925년에 발터 노다크W.Noddack와 이다 타케I.Tacke, 오토 카를 베르크O.Berg가 레늄을 발견하였다.

〈그림 12 · 3〉 크리스티안 에이크만Christiaan Eijkman

여 그 성과를 발표했다. 시모세 마사치카와는 일본산 광물 속에 세린serine, 텔루륨tellurium의 존재, 하가 다메마사와坪和爲昌*와는 하이포아질산은[次亞硝酸銀]의 조성組成 결정決定, 가와키타 요시타쓰河喜多能達*와는 뇌산雷酸47) 연구, 지카시게 마스미近重眞澄*와는 텔루륨의 원자량 결정 등 발표 논문 수가 163편으로 당시로서는 매우 많았다. 일본 화학 연구를 국제 수준으로 높인 다이버스의 공적이 크다. 다이버스는 영국으로 귀국 후 영국공업화학회의 회장이 되었다.

약학 관계로는, 9장에서 언급한 네덜란드인 약화학자 헤르츠가 1868년에 내일해서 나가사키 의학교 그리고 도쿄 의학교, 도쿄 사약장司藥場, 교토 사약장에서 이화학교육과 약품 관리에 전

47) 뇌산雷酸 : 풀민산fulminic acid을 말한다.

〈그림 12·4〉 오스카 켈르너Oskar Kellner

넘했다. 또한 일본에서는 처음으로 '약국방'의 초안을 작성했지
만 사망해버려 실현되지는 않았다.

헤르츠는 일본 여성인 기와きわ와 결혼하는데, 그 딸의 딸 즉
손녀 기와 데이코喜波貞子는 제2차 세계대전 중 유럽에서 '나비부
인'의 오페라 가수로 명성을 얻었다. 기와는 조모를 그리워하며
붙인 예명이었다.

그 밖에 도쿄 대학 의학부의 제약학과에서는 1884년에 나가
이 나가요시가 독일 유학에서 귀국하여 약학과 교수로 취임하
기까지 외국인 교사인 조지 마틴George Martin*과 요한 프레더릭 에
이크만Johann Frederik Eijkmann* 〈그림 12·3〉이 일본 약학의 기초를
닦는 데 공헌했다. 에이크만은 일본에서 불전佛前에 바치는 식물
로 알려져 있는 붓순나무의 열매로부터 영어로 shikimic acid라
고 알려져 있는 시키미산48)을 처음 단리單離하여, 일본 천연물화

학의 선구적인 연구를 이루었다.

오사카에서는 1873년에 약업계의 유지들이 모여 서양식 약국 정정사精精舍를 설립하고, 네덜란드인 베르나르두스 빌헬무스 드와르스Bernardus Wilhelmus Dwars*를 초빙하여 약학교육을 실시했다. 2년 후에는 오테마에大手前에 사약장이 만들어져 드와르스에게 교육을 의뢰했다. 그 문하에서 드와르스의 지도를 받고 제약사업을 개시한 사람들이 오사카에 나타나 도쇼마치道修町49)는 일본 약업의 중심이 되었다.

농학 관계에 눈을 돌려보면, 도쿄 고마바駒場의 농학교에 에드워드 킨치Edward Kinch*, 오스카 켈르너Oskar Kellner* 〈그림 12·4〉가 1881년에 내일하여 마쓰이 나오키치松井直吉, 고자이 요시나오古在由直* 등의 농예화학자를 육성했다. 일본에서 실시한 켈르너의 연구로는 토지의 질소함유량 측정, 인산비료의 중요성 등 일본 농업에 처음으로 화학을 도입한 연구를 실시했다. 1893년에는 식물생리학자 오스카 뢰브Oscar Loew가 초빙되어 많은 학생을 지도했다.

이렇게 해서 메이지 초기에 일본에 초빙된 고용외국인들은 각 방면에서 일본 화학을 짊어질 인재를 육성해 일본에 화학 연구를 뿌리내리도록 많은 공헌을 했다. 드디어 메이지 20년대가 되어 이들 외국인이 귀국한 후에는 유학에서 돌아온 일본인이 자립해서 화학 교육체제를 갖추어가게 되었다. 이들 고용외

---

48) 시키미산 : shikimic acid는 붓순나무의 일본어인 シキミ에서 비롯되었다.

49) 도쇼마치道修町 : 오사카시 중앙구에 있는 지명. 에도 시대부터 있었던 약재 도매상 거리로, 지금도 제약회사가 즐비하다.

국인들은 각자 모국으로 돌아간 후에 그 나라의 중추적인 지위에 올라 활약한 뛰어난 사람들이었다는 사실이 일본에게는 행운이었다. 이러한 우수한 인재를 발탁 초빙해서 서양의 과학을 도입하고자 했던 일본 화학자들의 열의와 의기意氣가 일본의 근대화를 단기간에 촉진시킨 커다란 요인이 되었다.

13. 일본의 화학회를 만든 사람들

어느 나라 어느 학문분야에서도 학회가 만들어져야 그 영역의 학문과 기술이 사회적으로 발전한다. 화학 분야에서 최초로 학회가 만들어진 나라는 영국으로 1841년의 일이었다. 그 후 연이어 프랑스, 독일, 러시아, 미국에 학회가 만들어졌는데, 미국 화학회가 창립된 때는 1876년이었다. 일본은 1878년에 도쿄 대학 이학부 화학과 졸업생과 재학생 24명에 의해 화학회가 창립되었다. 후진국이었던 일본이었지만 학회의 시작은 선진 열국에 비해 그다지 크게 뒤진 것은 아니었다.

1878년 4월 26일에 도쿄 간다 히토쓰바시의 현재 학사회관 자리에 있던 당시 도쿄 대학의 교원 대기실에서 제1회 집회가 개최되었다. 초대 회장은 개성학교에서 앳킨슨의 가르침을 받은 22세의 구하라 미쓰루久原躬弦* 〈그림 13 · 1〉였다. 2003년에 일본 화학회가 창립 125주년을 맞이한 기념식전에 참석한 천황이 인사말 가운데 초대 회장이었던 구하라의 이름을 들면서 일본 화학을 개척한 사람들의 높은 의지를 상찬하셨다.

구하라는 이듬해 1879년에 미국 존스홉킨스 대학으로 유학하여 그곳에서 2년간 아이라 렘슨Ira Remsen으로부터 독일식 최첨단

〈그림 13·1〉 구하라 미쓰구久原躬弦

유기화학을 공부하고 귀국했다. 1894년에는 구제舊制 제일고등학교의 전신인 제일고등중학교 교장으로 임명받았다가, 1897년에 일본 제2의 국립대학으로 창립한 교토 제국대학 이공과대학 교수로 초빙되었다. 이후 교토 대학 이학부 화학과의 교육과 연구의 기초를 다지는 데 진력을 다했고, 1903년에는 이 학교 총장으로 선출되었다. 그러나 구하라는 과학행정가이기보다는 일본 화학 초기의 연구자로서 우수한 업적을 남겼다.

화학구조가 밝혀진 유기화합물의 분자 중 어떤 것은 어떤 조건 하에서 분자 내 원자끼리 다시 결합하여 본래 분자의 이성체를 만들어내는 반응을 하는데, 이를 전위반응50)이라 부른다. 그 대표적인 전위반응에 케톤옥심ketoneoxime $-C(=NOH)-$ 이라고 하는 분자의 부분 구조가 산에 의해 산아미드 $-CONH-$ 라고

---

50) 자리옮김

하는 구조로 전위되는 베크만 전위Beckmann rearrangement라 불리는 것이 있다. 구하라는 베크만 전위 반응의 중간체를 단리하여 그 전위반응의 메커니즘을 제안했다. 일본에서 이루어진 이론유기화학 연구의 효시라 할 수 있다.

구하라 미쓰루에게는 센센도사戰戰道士라는 필명으로 쓴 게사쿠戱作51) 『화학자의 꿈化學者の夢』이 있다. 봄 방학에 여행을 나선 학생이 들판에서 비를 피해 몸을 숨긴 암굴 속에서 이상한 집회에 조우한다고 하는 설정이다. 그 집회는 의인화된 다양한 원소가 모이는 향연으로, 녹색 옷을 입은 '동銅 씨', 아름다운 자주색 의상을 걸친 '요드 부인', 노란색 옷의 '황 씨'가 모인 가운데 위원장인 '산소 씨'가 화학계의 융성을 찬양하는 인사를 한다. 향연이 끝날 즈음 나타난 '황화수소 씨'는 모두가 기피하는 인물이라서 원소들이 두려워했다는 장면에서 화학의 강의를 들으면서 졸고 있던 학생이 꿈에서 깬다는 이야기이다.52)

구하라와 마찬가지로 개성학교에서 앳킨슨에게 화학을 배운 사쿠라이 조지櫻井錠二 〈그림 13・2〉는 1876년에 영국으로 유학을 갔기 때문에 1878년의 화학회 창립 시에는 일본에 없었다. 1881년에 귀국한 사쿠라이는 앞서도 언급한 바와 같이 영국으로 돌아가는 앳킨슨의 뒤를 이어 도쿄 대학 이학부의 일본인 최초의 교수로 취임했다. 사쿠라이가 만 24세 때의 일이다. 이때부터 일본의 화학이 고용외국인의 손을 떠나 자립을 하기 시작했던 것이다.

사쿠라이는 용질이 용매에 녹으면 그 용액의 끓는점이 본래

---

51) 게사쿠戱作 : 에도 후기의 통속소설류의 총칭
52) 의인화된 화학원소명은 원문에 있는 그대로 나타냈다.

〈그림 13·2〉 사쿠라이 조지櫻井錠二

의 용질의 끓는점보다 상승한다는 사실을 이용하여, 녹아있는 용질의 분자량을 측정하는 방법을 개량해 세계적으로 인정받은 최초의 일본발 물리화학적 연구를 실시했다.

물리화학이라는 것은 물리와 화학이라는 의미가 아니라 물리적인 수법을 이용한 화학적 연구를 말한다. 그 외에도 사쿠라이는 화학동력학 등 당시 최첨단의 서구 물리화학을 일본에 도입하는 데 진력하고, 또 일본어로서의 화학 번역어 통일에도 노력했다.

사쿠라이는 1883년 이래 몇 기에 걸쳐 화학회 회장을 연임했으며, 1917년에 설립된 재단법인 이화학연구소의 부이사장으로 그 발족에 공헌했다. 이화학연구소는 2003년에 독립행정법인으로 개조되어 현재에 이르고 있다. 또한 사쿠라이는 현재의 일본학술회의의 기초가 된 학술연구회의의 설립에도 기여해 화학연

〈그림 13·3〉 요시다 히코로쿠로吉田彦六郎

구비 원조를 목적으로 하는 일본학술진흥회 초대 이사장을 맡았다. 이처럼 사쿠라이는 일본의 과학연구 체제를 갖추고 그 국제화의 길을 개척하는 데 힘을 쏟았다.

일본의 화학회가 발족될 때의 회원 중 한 사람에 요시다 히코로쿠로吉田彦六郎*〈그림 13·3〉가 있다. 요시다도 앳킨슨의 지도를 받아 1880년에 도쿄 대학 이학부 화학과를 졸업했다. 졸업 후 농상무성의 분석계에 근무하고 있을 때, 일본의 전통공예인 옻칠의 경화현상을 화학적으로 해명하고자 하는 일본적 연구 주제로 독창적인 연구를 실시했다. 우선 옻의 주성분은 우루시올Urushiol[53])이라는 사실을 규명하고, 이것이 공기 중의 산소에 의해 어떤 단백질로 산화되어 경화된다는 사실을 해명했다. 이 단백질을 요시다는 'diastase樣蛋白質'이라 불렀는데 이것은 오늘날 효소에 해당된다. 요시다가 이 연구를 발표한 1883년경에는

53) 우루시올Urushiol : 옻의 일본어 발음인 ウルシ(漆)에서 비롯되었다.

효소라는 이름도 아직 일본에 전해지지 않아, 전분 등을 가수분해하는 디아스타제diastase라고만 알려져 있었다. 이 특수한 단백질은 전분과 같은 생체고분자를 쪼개 짧은 당으로 가수분해한다는 작용만 알려져 있던 시대에, 요시다는 옻에 관한 자신의 실험결과로부터 옻 속에 존재하는 동종의 단백질이 기질인 우루시올을 산화하는 작용이 있다는, 당시 세계 화학자 그 누구도 생각하지 못했던 독특한 성과를 발표한 것이다. 요시다야말로 산화효소의 최초 발견자라고 오늘날 구미에서도 인정하고 있다. 그 후 요시다가 발견한 효소는 라카아제laccase라는 이름으로 불리게 되어 그 구조와 기능에 관한 연구는 현재까지 이어지고 있다. 화학 연구가 일본에서 이제 막 시작되었던 지극히 초기의 메이지 초년에 이러한 훌륭한 독창적인 발상의 연구가 일본에서 탄생했다는 사실이 놀랍고도 자랑스럽다.

요시다는 1900년에는 교토 제국대학 이공과대학 교수로 취임하여 훗날 노벨 화학상을 수상한 후쿠이 겐이치福井謙一* 박사의 스승인 기타 겐이쓰喜多源逸* 교수에 이어지는 계통의 공학부 공업화학과의 유기화학 강좌를 개설했다. 앞서 언급한 구하라 미쓰루를 교토 제국대학으로 초빙하여 신설된 이공과대학 화학교실에 실험을 중시하는 학풍을 만들고자 생각한 것이 요시다였다. 요시다의 옻 연구는 그 후 일본 유기화학의 개척자로 알려져 있는 마시마 리코眞島利行의 옻 성분 우루시올의 구조 연구로 계승되어 여명기의 일본 유기화학을 대표하는 업적을 낳기에 이르렀다.

마찬가지로 개성학교를 나와 1878년에 도쿄 대학 이학부 화학과 제2회 졸업생으로 화학회의 창립회원에 이름을 올린 사람

〈그림 13·4〉 다카마쓰 도요키치高松豊吉

이 다카마쓰 도요키치高松豊吉[*]〈그림 13·4〉였다. 다카마쓰는 영국, 독일로 유학해 염료화학을 공부하고, 1882년에 귀국한 후 모교인 도쿄 대학 이학부 강사를 거쳐 교수가 되어 제조화학을 담당했다. 다카마쓰는 일본의 화학공업이 발전하기 위해서는 순수화학과 응용화학 교육이 분리되어야 한다고 주장, 건의했다. 이것이 받아들여져 1885년에 도쿄 대학에서 응용화학이 이학부로부터 분리되어 일시적으로 공예학부에 속하게 되었다. 1886년에 도쿄 대학과 공부대학교가 합병되어 도쿄 제국대학이 되었을 때, 다카마쓰가 있었던 공예학부는 도쿄 제국대학 공과대학으로 편입되어 다카마쓰가 교수로 임용되었다. 그곳에서 다카마쓰는 일본 응용화학의 기초를 닦는 데 진력을 다해 훗날 도쿄 대학 공학부 응용화학과의 발족에 공헌했다.

다카마쓰는 쪽 등의 염료화학 연구를 전공으로 했는데, 그 즈음 일본의 민생 근대화가 진행되어 응용화학의 중요성이 높아지면서 다카마쓰는 대학에서만 연구에 몰두하기 어렵게 되어, 1903년에 도쿄 대학을 사퇴하고 가스화학사업을 추진하게 되었다. 1915년에는 현재의 독립행정법인 산업기술종합연구소의 전신에 해당되는 공업시험소 소장으로 취임하여 일본 화학공업을 다방면으로 발전시키는 데 공헌했다.

14. 화약으로 일본을 구한 화학자
시모세 마사치카

　　1904－1905년의 러일전쟁에서 당시의 대국인 러시아가 이제 막 근대국가에 편입된 소국 일본을 압도할 것이라는 전 세계의 예측과 달리 일본이 승리를 거둔 배경에 일본 화학자의 공헌이 있었다는 사실은 그다지 알려져 있지 않다. 만주에서 러일 양군의 육군이 대치한 정세 속에서 유럽에 있던 당시 최강의 발틱함대가 멀리 희망봉을 돌아 동양으로 회항해 여순에 있던 러시아의 태평양함대와 합류하여 도고 헤이하치로東鄕平八郞*가 인솔하는 일본함대를 격파할 계획이었다. 우선 태평양함대는 여순항을 나와 블라디보스톡으로 회항했다. 1904년 8월에 여순항을 나온 러시아함대를 일본함대가 기다리고 있다가 격전을 펼친 것은 황해黃海의 해전이었다. 만약 이때 러시아의 태평양함대가 탈출에 성공하여 블라디보스톡으로 들어간 뒤에 따라오는 발틱 함대와 합류한다면 일본해군에게 승산은 없었기 때문에 황해 해전은 일본의 국운을 건 중요한 해전이었다.

　　이 해전에서 결정적인 위력을 발휘하여 일본해군을 승리로 이끈 요인은 일본의 포탄인 시모세 화약下瀨火藥의 힘이었다. 시

〈그림 14·1〉 시모세 마사치카下瀨雅允

모세 화약이 작렬할 때의 파괴력은 엄청난 것이었는데, 가스 온도가 3000℃의 고열로 러시아군의 면화약 포탄보다 6배의 위력을 발휘했다고 한다. 이에 의해 러시아함대의 기함 체사레비치 Tsessarevitch의 사령탑이 괴멸하자 함대의 통제력이 상실되어 전멸하기에 이르렀다. 시모세 화약의 포탄은 다음해 5월 일본해 해전에서도 발틱 함대에 대해 다시 위력을 발휘해 일본을 승리로 이끈 요인이 되었다.

일본해군의 강력한 이 화약은 시모세 마사치카下瀨雅允* 〈그림 14·1〉에 의해서 제작된 일본의 독자적 화약이었다. 시모세 마사치카는 1859년에 히로시마번 철포방鐵砲方의 집안에서 태어났다. 조부인 마고헤이孫平는 화약 연구에 열심이어서 난서를 수집해 읽으면서 연구를 했다. 그러한 가정에서 자란 마사치카는

1877년에, 앞서 언급한 오시마 다카토^{大島高任}*의 건의로 설립된 도쿄의 공학료에 입학했다. 이 공학료가 발전하여 생긴 공부_{工部} 대학교를 1884년에 졸업한 시모세는 해군병기제조소에 들어가 화약 연구에 몰두하기 시작했다.

이 병기제조소의 상사에 사쓰마번 출신인 하라다 무네스케_{原田宗助}*가 있었는데 시모세에게 "일본이라는 약소국이 이제부터 살아가기 위해서는 우수한 병기를 발명하는 것이 중요하다. 자네는 포탄의 작약 제조에 전념하시게. 기존의 것을 개량하는 것보다도 작약에 대한 세계의 개념을 바꾸어버릴 만한 발명을 하게."라고 늘 말했다고 한다. 과학연구에서 주위의 이해와 격려가 얼마나 큰 결과를 낳는가를 잘 말해준다.

당시 전 세계의 포탄 화약으로서는 면화약이라 해서 면을 질산과 황산으로 나이트로화하여 만든 나이트로셀룰로오스_{nitrocellulose}를 주체로 하는 무연화학이 주류였다. 이와 달리 황색염료로 사용되고 있던 피크르산_{Picric acid}이라는 페놀 즉 석탄산을 나이트로화 해서 만들어지는 화합물의 폭발력이 강력하다는 사실이 밝혀져 있었다. 그러나 피크르산은 금속과 접촉하면 폭발하기 쉽다는 성질 때문에 산업용 폭약으로서는 사용되고 있었지만 군용 탄환으로는 도저히 사용할 수 없다고 해서 안전한 면화약만이 사용되고 있었다.

시모세는 이러한 강력한 피크르산에 주목하여 어떻게 그 폭발력을 떨어뜨리지 않으면서 안전성을 확보할 수 있는가에 고심했다. 아직 일본에 근대과학기술의 전통이 만들어지지 않은 시기의 일이다. 시모세는 피크르산을 분말로 하는 것보다 밀도가 큰 결정을 사용하면 위력이 커질 것이라 생각하였다. 이렇게

해서 결정화시킨 피크르산을 일본의 전통 종이에 말아 포탄 내벽의 철과 접촉하지 않도록 완전히 막는 방법을 고안해냈다. 나중에는 석고를 펄프로 고정한 다음 여기에 파라핀을 스며들게 하여 자폭방지장치를 작약과 탄환 사이에 넣고 다시 왁스를 주입해 피크르산 작약을 고정하는 안전성을 확보했다. 이는 시모세 시대 이후의 일이라고 생각되지만 피크르산과 철의 격리를 완전히 하기 위해 내열내산의 옻칠이 도장되었다고 한다. 이러한 독창적인 작업이 만들어진 것은 물론 본인의 재능과 노력의 결과이지만 그 배경에는 가업의 전통과 직장의 연구 환경이 얼마나 중요한가를 드러낸다고 생각된다. 이것이 전 세계의 예상을 뒤엎고 세계 최강의 러시아함대를 파멸시킨 승리의 숨은 요인인 시모세 화약의 탄생 이야기이다.

시모세는 이 화약을 1893년에 완성시키고 일본해군의 규정 폭약으로 채용되었는데 이듬해부터 시작된 청일전쟁에서는 양산할 수 없어서 사용하지 못했다. 그러나 10년 후인 러일전쟁에 유용하게 사용되어 일본의 국운을 좌우하는 공헌을 하게 되었던 것이다.

시모세 마사치카는 1911년에 53세로 사망해 도쿄 고마고메駒込의 소메이 영원染井靈園에 안장되어 있다.

러일전쟁의 화약에 관한 후일담이 있다. 원소의 주기율 발견으로 유명한 러시아의 멘델레예프D.I. Mendeleev는 러일전쟁 당시 70세에 가까운 세계 화학계의 노장이었다. 멘델레예프는 러일전쟁으로 조국 러시아를 승리로 이끌기 위해 자진해서 해군기관에 가담하여 무연화약 연구에 전념했다. 무연화약은 앞서 언급한 바와 같은 면화약의 니트로셀룰로오스와 다이너마이트의 니트

로글리세린nitroglycerin을 주체로 한 것으로, 발사 시의 화약으로서는 안전하고 우수하지만 작약력은 피크르산의 시모세 화약보다 떨어진다. 러시아의 패배는 멘델레예프에게 큰 타격이 되어 러일전쟁이 끝난 2년 후에 실의 속에 세상을 떠났다.

15. 세계 처음으로 호르몬을 결정으로
분리한 다카미네 조키치

    사람이 살아가기 위해 없어서는 안 되는 중요한 생체물질에 비타민과 호르몬이 있다. 비타민은 인체 속에서는 생성되지 않기 때문에 식물에서 영양소로 섭취해야만 한다. 이에 반해 인체 내에서 만들어져 조직과 기관에서 극히 미량 분비되어 표적한 세포에 중요한 기능을 담당하는 것이 호르몬이다. 호르몬은 분비되는 기관에 따라 뇌하수체 호르몬이라든가 갑상선 호르몬, 성 호르몬 등으로 불리며, 곤충의 변태를 주관하는 것도 호르몬의 작용이다. 이러한 작용을 하는 물질이 체내에서 생성되어 작용한다는 사실을 인식해서, 그리스어의 '작용하다' 혹은 '자극하다'는 의미의 horman으로부터 호르몬hormone이라 명명한 것은 1902년 스탈링E. H. Starling이었다. 그러나 그 2년 전인 1900년에 부신副腎에서 호르몬에 상당하는 아드레날린이 일본 화학자인 다카미네 조키치高峰讓吉와 우에나카 게이조上中啓三*에 의해 처음결정으로 추출되었다.

    다카미네 조키치〈그림 15·1〉는 1854년 11월 3일에 엣추越中 다카오카高岡에서 가가번加賀藩 번의인 다카미네 세이치高峰精一의 장

〈그림 15·1〉 다카미네 조키치高峰讓吉

남으로 태어났다. 부친인 세이이치는 화학과 제약에 정통했는데 그러한 가정환경이 훗날 세계적인 화학자가 되는 조키치를 키워냈다. 다카미네 조키치는 12세 때 나가사키에 유학하고, 그후 1870년에 개교한 오사카 의학교에 입학했다. 그때 다카미네는 오가타 고안 사망 후의 적숙에 기숙하며 적숙의 분위기를 익혔다. 오사카 의학교에 다닐 때 근처에서 네덜란드인 화학자 하라타마에 의해 시작된 세이미국의 화학 강의를 청강할 기회가 있었다. 세이미국에 관해서는 본서 제7장 '오사카에 개설된 세이미국'을 참조하기 바란다. 하라타마의 후임으로는 리테르가 부임했는데, 다카미네는 이 세이미국의 외국인 화학자로부터 직접 화학 강의를 청강하던 중에 의학교에 적을 둔 채로 화학으로 전공을 바꿀 생각을 하게 되었다.

다카미네는 1872년에 도쿄로 나와 훗날 도쿄 대학 공학부가 되는 공학성工學省 공학료工學療에 들어가 응용화학을 공부했다. 제 12장 '일본 화학의 발족에 공헌한 고용 외국인 교사들'에서 언급한 바와 같이, 이 공학료에서는 교장인 다이엘과 화학 담당 교사인 다이버스가 실학을 중시하는 방침 하에 교육을 진행했다. 이러한 교풍이 나중에 다카미네가 대성하는 데 큰 영향을 미치게 되었다.

1879년에 다카미네는 공부성으로부터 영국으로 유학하라는 명을 받고 글래스고 대학에서 응용화학을 전공했고, 인조비료 공장에서 실습도 체험했다. 1883년에 다카미네는 일본인 화학자로서 하나의 포부를 안고 귀국했다. 당시 일본 화학공업은 지극히 초기 단계에 있었기 때문에 어떻게 서양의 화학공업을 도입할 것인가는 지상의 과제였다. 그러나 다카미네 자신은 이미 서양에서 발달된 화학공업을 일본에 접목시키는 데는 서양인 기술자를 고용하면 좋지 않을까 생각하고, 자신은 일본 고유의 주제로 전대미문의 영역을 개척하고 싶다고 생각하고 농상무성에 들어가 일본의 전통종이, 쪽, 청주 등 일본 특산품 연구를 시작했다.

다카미네는 1884년에 미국의 뉴올린즈에서 개최된 만국공업박람회에 농상무성의 사무관으로 참석했다. 그때 다카미네는 사우스캐롤라이나에서 생산된 연광석을 입수해서 일본으로 돌아와 이것으로 일본 농업에서 부족한 인산비료를 제조하기 위해 당시 재계인이었던 마스다 다카시益田孝[*]와 시부사와 에이이치澁澤榮一를 설득하여 일본 최초의 인조비료 제조사인 도쿄 인공비료 회사를 후카가와深川 가마야보리釜尾堀에 설립했다.

다카미네는 발상이 탁월한 사람이었다. 비료 외에 일본에 독특한 일본술의 미국균米麴菌에 착안한 그는, 종래 위스키 발효에 사용하던 보리로 만든 몰트 대신 그 종국種麴을 정제한 것을 대체할 것을 생각해냈다. 또한 위스키 원료인 옥수수에 대체하여 염가의 보리 밀기울을 사용해 보았다. 이 발상이 적중하여 다카미네의 원국법元麴法은 몰트 위스키법에 비해 획기적인 개량법이 되었다. 이것은 미국 시카고의 위스키 트러스트의 주목을 받았으며, 그들의 초빙을 받아 1890년에 처자를 데리고 미국으로 갔다. 사실 다카미네는 뉴올린즈에 갔을 때 알게 된 미국인 캐롤라인과 당시로서는 드물게 국제결혼을 하여 일본에서 살고 있었다. 이때 도미渡美도 미국에 있는 캐롤라인의 모친의 도움에 의한 것이었다. 그즈음 여명기 일본의 화학공업에 구미로부터 기술도입이 끊이지 않는 가운데 반대로 일본에서 미국으로 기술을 수출하게 된 것은, 당시 일본 화학에 있어서 지극히 드문 획기적인 사건이었다.

미국에서도 다카미네의 원국법이 성공하여 다카미네 효소 회사가 설립되었다. 그러나 그것이 종래 위스키의 몰트법을 위축시키게 되어, 그 결과 몰트 업자들의 강한 반발을 샀다. 다카미네의 양조소는 화재로 잿더미가 되었는데 아마도 방화에 의한 것이 아닐까 생각된다.

다카미네는 고통에 굴하지 않는 강인한 정신을 가진 사람이었다. 원국법을 연구하는 사이사이에 국미균麴黴菌이 가지는 강한 당화력에 새롭게 주목하고 있었다. 이로부터 효소를 추출해서 전분소화제로 실용화하는 것을 생각해 냈다. 이것은 타카-디아스타제Taka-diastase로 제품화되어 파크-데이비스Parke, Davis & Co.로부

〈그림 15·2〉 우에나카 게이조上中啓三

터 판매되었다. 이 강력한 소화제는 전 세계에 보급되었고 일본 국내 판매를 위해 설립된 것이 시오하라 마타사쿠塩原又策에 의한 산쿄 상회三共商會로 훗날 산쿄 주식회사가 되었다.

타카−디아스타제의 판매로 재정적으로도 안정된 다카미네는 1896년경 뉴욕으로 진출해서 다카미네 화학연구소를 설립했다. 그곳에 파크−데이비스로부터 새로운 연구 의뢰가 들어왔다. 부신副腎에는 현저한 혈압상승작용과 지혈작용이 있다는 사실이 알려져 있는데, 그 활성 본체의 분리와 규명은 당시 의학계의 최대 과제였다. 독일에서는 퓌르트O. V. Furth, 미국에서는 에이벨J. J. Abel이 그 활성물을 추출하여 각각 수프라레닌suprarenin, 에피네프린 epinephrine이라 불렸다. 그러나 이들 추출물은 모두 아직 순수한 것

〈그림 15・3〉 뉴욕 우드런Woodlawn 공동묘지에 있는 다카미네 조키치의 묘소

이 아니어서 그 결정화가 기대되는 상황이었다.

다카미네는 파크－데이비스로부터 의뢰받은 부신에서 활성성분을 추출하는 작업을 일본에서 초청한 우에나카 게이조上中啓三〈그림 15・2〉에 위탁했다. 우에나카는 우수한 능력을 가진 실험화학자로 도미 반년 후인 1900년 7월 21일에 뉴욕의 다카미네 연구실 실험실에서 시험관 내에 처음으로 결정 덩어리가 생성된 것을 확인했다. 세계 최초의 호르몬 결정화였다. 다카미네는 이를 부신이라는 뜻의 adrenal gland에 관련지어 아드레날린이라 명명했다. 앞서 언급한 바와 같이, 이는 스탈링이 호르몬을 명명하기 2년 전의 일이었다. 아드레날린의 단리에 의해 호르몬학, 내분비학이 시작되었다고 할 수 있다. 그 후 파크－데이비스에서 양산된 아드레날린은 외과수술 때 없어서는 안 되는 약이 되어 강심제強心劑, 천식 치료제로도 널리 실용화되었다.

그러나 기묘하게도 그 후 미국과 일본의 약국에서는 아드레날린이라는 명칭이 사용되지 않고 에이벨이 추출한 불순물인 에피네프린이라는 명칭으로 등록되어 있다. 드디어 최근 2006년 일본의 약국방 개정에서 아드레날린이라는 이름이 정식명으로 채용되었고 에피네프린은 별명으로 병기되도록 규정되었다. 다카미네가 아드레날린을 발견한 이후 106년이 지나 명예 회복을 한 것이다.

왜 미국에서 아드레날린이라는 이름이 사라지고 에피네프린이라는 이름으로 약국방에 등록되었는가에 관해서 이이누마 가즈마사飯沼和正, 스가노 도미오菅野富夫 씨가 사실을 추적하여 그의 저서 『다카미네의 생애-아드레날린 발견의 진실』(아사히 선서 朝日選書)에서 보고한 바 있다. 이에 의하면, 아드레날린이라는 이름은 다카미네 생존 시에는 그 특허권도 상표권도 인정받았지만 특허 기간이 끝나고 다카미네가 사망한 후인 1927년에 에이벨이 회상록을 『사이언스』에 발표했다.

그 가운데, 1900년 가을에 다카미네가 에이벨의 실험실을 방문해서 질문한 적이 있다고 하면서 다카미네의 작업이 에이벨의 도작盜作이었다는 사실을 암시하는 기술이 있다. 에이벨이 미국 생화학의 거장이었던 점과 당시 배일감정이 강한 시기였다는 사실이 관계했는지 아드레날린이라는 이름이 사라지고 에피네프린이 된 채 현재에 이른 것이다.

그러나 다카미네가 에이벨의 작업을 도작했다고 하는 것은 사실무근이다. 다카미네가 에이벨의 연구실을 방문한 것은 아드레날린의 결정화에 성공한 1900년 7월 이후의 가을이고, 분리방법도 양자가 전혀 달랐다. 에이벨은 활성체를 벤조일benzoyl 유도체로 추출했으므로, 그 벤조일기基를 제거하여 활성체를 얻는데 성공하지 못했다. 다카미네-우에나카의 방법은 벤조일화를

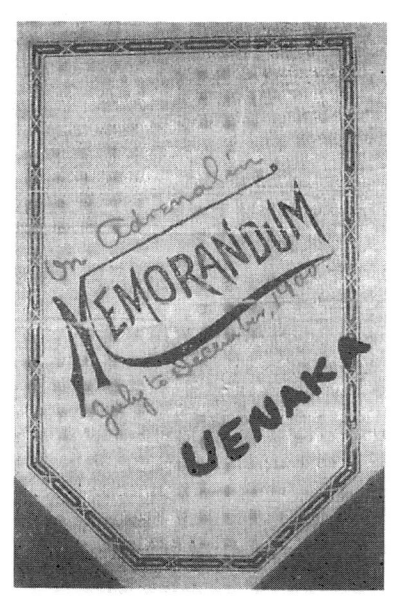

〈그림 15·4〉 아드레날린 결정화의 실험 노트 (교교사敎行寺 소장)

거치지 않는다. 에이벨이 추출한 '에피네프린'에 활성이 인정되었다는 보고는 없지만 다카미네가 얻은 '아드레날린'은 발견 직후부터 유럽에서 활성성분이라는 사실이 인정받았다.

아드레닐린의 결정화 실험을 실시한 우에나카 게이조는 현재 효고현兵庫縣 니시노미야시西宮市 나지오名塩 출신이다. 나지오는 다카라즈카宝塚와 산다三田 사이에 있는 산간 지역으로 오가타 고안의 부인 야에八重의 출신지이기도 하다. 그 때문에 막부 말기에는 난학이 성한 문화적인 마을이었다. 그러한 지역적 특성에 의해 우에나카와 같은 우수한 화학자가 태어났다는 점으로부터 과학연구에 있어서도 눈에 보이지 않는 지역적 전통이 큰 요인이 된다는 사실을 알게 된다. 우에나카의 아드레날린 결정화 실

〈그림 15·5〉 우에나카 게이조의 기념비 (교교사)

험일지 〈그림 15·4〉가 나지오의 유명한 사찰인 교교사敎行寺에 보관되어 있으며, 그 경내에 우에나카 게이조의 기념비 〈그림 15·5〉가 세워져 있다.

아드레닐린의 발견으로 세계적인 명성을 얻은 다카미네는 1913년 일본에 귀국했을 때 일본 과학의 미래 발전을 고려하여 국민과학연구소 설립의 필요성을 역설했다. 다카미네의 제안이 계기가 되어 1917년에 국가사업으로 설립된 것이 재단법인 이화학연구소였다. 이것이 현재 노벨 화학상을 수상한 노요리 료지野依良治* 박사를 이사장으로 하는 특수법인 이화학연구소의 전신이었다. 일본의 과학에 있어서 이화학연구소가 얼마나 큰 공헌을 했는가를 생각하면, 다카미네의 높은 뜻에 다시 한 번 깊은 경의를 표하지 않을 수 없다. 다카미네는 "과학 연구에 있어서 모방이 있더라도 그것은 독창의 선구여야만 한다. 일본인은 독창적인 소질과 능력을 충분히 가지고 있다. 언젠가는 일본의 독창적인 국민성이 세계로부터 인정받을 날이 올 것이다."라고 국민과학연구소의 창립 제안에서 언급하고 있다. 그 예언대로 현재 일본에서는 창조적인 과학 연구 추진을 국시로 하는 과학 기술정책이 진행되고 있다.

16. 일본의 약학을 개척한 나가이 나가요시

막부 말기인 1866년에 도쿠시마를 떠나 걸어서 시코쿠를 횡단해 야와타하마八幡浜에서 이요伊子를 건너 나가사키로 향하는 22세의 청년이 있었다. 도쿠시마德島 번의였던 나가이 린쇼長井琳章의 아들로 태어난 나가이 나가요시長井長義*〈그림 16·1〉가 그즈음 나가사키에 와 있던 네덜란드인 화학자 하라타마가 화학을 가르치기 시작했다는 말을 듣고, 이 새로운 학문을 배우고자 고향을 떠난 것이다. 그러나 표면적으로는 나가사키 정득관에서 서양의학을 배우기 위한 의학 수업이 목적이었다. 나가이가 나가사키에 도착한 1개월 반 후에 하라타마는 에도 개성소 내에 새롭게 이화학 부문을 개설하기 위해 나가사키를 떠나게 되었다. 하라타마의 근무지가 에도로 바뀌게 되어 나가이의 소망은 이루어지지 않았지만, 대신 일본 사진술의 시조로 훗날 알려지게 되는 우에노 히코마의 집에 기숙하며 사진술 조수로 지내면서 화학 공부를 시작하게 되었다. 우에노에 관해서도 5장에서 이미 소개한 바 있다. 우에노는 나가사키에 와 있던 네덜란드인 화학자 폼페와 하라타마로부터 일본인으로서는 가장 빠른 시기에

〈그림 16·1〉나가이 나가요시長井長義 (가나오 세이조金尾淸造 지음,
『나가이 나가요시 전長井長義伝』(일본약학회, 1960)에서)

직접 화학을 배웠다. 그것이 나가이에게 전해졌기 때문에 화학
자 나가이 나가요시를 길러낸 것은 우에노 히코마라 할 수 있
다.

　우에노의 집에 살면서 화학실험을 전수받고, 의학교인 정득관
에는 계속 결석을 한 나가이는 막부의 관리로부터 왜 정득관과
그 병원인 양생소에 출석하지 않는가 하는 질문을 받았다. 이에
대해서 나가이는 화학을 위해서 결석한 것이라고 당당하게 말
했다. 그러나 그 관리는 화학을 공부한다는 말을 이해하지 못하
고 아파서 결석했다고 신고하라고 말했다. 나가이는 그날의 일
기에 "막부 관리의 처사는 우습기만 하다. 불쌍하게 생각된다."
고 남기고 있다. 그 정도로 당시에 화학이라는 학문은 사회에

〈그림 16·2〉 호프만 연구실에서 나가이 나가요시 (왼쪽) 와
마쓰모토 게이타로 (오른쪽)(『나가이 나가요시 전』에서)

인지되어 있지 않았던 것이다.

　1869년 나가이는 도쿄로 나와 이즈미바시에 개교한 도쿄 대학 의학부의 전신인 동교에 입학했다. 도쿄에는 그즈음 이화학을 전문으로 가르치는 학교가 없었기 때문에 나가이는 우선 동교에 입학했다. 이듬해 나가이는 메이지 신정부의 제1회 해외유학생으로 독일에 파견되었다. 이때의 유학 명목도 의학 수업이었지만 나가이는 당시 유기화학의 세계 최고봉이었던 베를린대학의 호프만A. Hofman 연구실에 들어가 드디어 화학을 전공하고자하는 소망을 달성하게 되었다.

　호프만의 연구실에는 오사카의 세이미국에서 하라타마의 조교를 맡았던 마쓰모토 게이타로도 와 있었다. 때문에 두 사람은 같은 실험대에 나란히 서서 일본인으로서는 최초로 본격적인 유기화학 연구에 몰두하게 되었다 〈그림 16 · 2〉.

호프만 연구실에서 나가이는 장미나 안식향과 같은 천연향기 성분인 바닐린vanillin이라는 분자를 비롯하여 많은 천연물에서 유기화합물을 분리해서는 그 구조를 결정하고 합성하는 정통적인 유기화학 연구를 거듭했다. 그 업적이 호프만 교수에게 인정받아 실험용 백금 주걱을 포상으로 받고 조수로 채용되었다. 나가이는 호프만으로부터 깊은 감화를 받아 "Erst Mensch Sein (어떠한 생애를 보낸다 하더라도 먼저 인간이 되어라)" 라고 하는 은사의 말씀을 평생 가슴에 새겼다.

일본에서는 같은 호프만 연구실에 유학한 시바타 쇼케이柴田承桂*가 훗날 위생시험소가 되는 도쿄 사약장의 내실을 다지는 데 고심하고 있었다. 그즈음 일본에 유입된 양약을 검사하여 그 사용 기준을 만들기 위해, 그리고 앞으로 국민 건강을 보증하기 위해서는 서양학문으로서의 약학이 일본에 뿌리내리는 것이 급선무였다. 그 때문에도 나가이를 일본에 불러들여야만 한다고 생각한 시바타는 수차례 베를린의 나가이에게 귀국을 종용하는 편지를 보냈다.

그러나 나가이는 호프만 연구실에서의 작업에 몰두하여 쉽게 그 요청에 답하지 않았다. 나가이의 독일 체재는 13년에 이르렀다. 결국 시바타가 독일에 가서 나가이를 설득해 나가이도 이를 받아들여 1884년에 드디어 귀국하게 되었다. 일본에 돌아온 나가이는 반관반민의 대일본제약 기사장으로 들어갔다. 이로서 비로소 조악한 수입 약품의 유입을 방지하고 국산 의약의 제조가 일본에서 시작되었다.

당시 일본의 대학에는 약학부라는 학부가 없었다. 약학은 의

〈그림 16・3〉 나가이 나가요시와 테레제 부인
(『나가이 나가요시 전』에서)

학부에 부속된 일부분으로, 외국인 교사에 의한 교육이 이루어
질 뿐이었다. 귀국 후 나가이는 도쿄 대학 교수가 되어 이학부
에서 화학을 담당하고 의학부에서 약화학을 담당했다. 동시에
나가이는 내무성 위생국의 도쿄 시험소 소장으로 취임했다. 도
쿄시험소는 당시 일본에서는 화학연구 설비가 가장 정비되어
있던 기관이며, 또한 우수한 연구자를 확보하고 있었다. 나가이
는 1885년에 그곳에서의 연구 성과로서 한약 마황의 성분인 알
칼로이드alkaloid의 에페드린ephedrine을 발견해 보고했다. 마황이라는
식물은 줄기를 쪄서 한방에서 거염제로 사용하는 것이다. 일본
발 화학 연구의 성과로서 천연화합물의 분리가 보고된 최초의
예였다. 그 후 에페드린에서는 동공 확대 작용과 기관지 경련을
완화시키는 작용도 발견되어, 천식喘息의 특효약 '에페드린나가
이'라는 이름으로 판매되어 유명해졌다. 나가이는 그 밖에 진통

진경鎭痙 작용이 있는 모란의 성분인 페놀paeonol과, 한약 고삼苦參의 중추신경독 마트린Matrine의 구조 연구 등 일본 천연물화학에서 선구적인 업적을 올렸다. 또한 고향 도쿠시마의 특산물인 쪽 제조의 개량법도 연구했다.

나가이는 독일 체재 중에 스승 호프만으로부터 독일 여성과 결혼하도록 권유받았다. "독일 여성은 마음을 바친 남성을 위해서는 물속이라도 불속이라도 뛰어들 정도이다."라고 설득했다. 그 권유를 받아들인 직후에 머무르고 있던 프랑크푸르트의 숙소에서 알게 된 테레제 슈마하T. Schumacher를 처음 보고 약혼했다 〈그림 16·3〉. 일단 귀국한 나가이는 양친에게 결혼 허락을 얻고 2년 후 테레제를 맞이하기 위해 다시 독일로 가서 라인 강변의 안더나흐Andernach 교회에서 결혼식을 올렸다. 결혼식에는 도쿄 대학 의학대학장인 미야케 히이즈三宅秀*와 훗날 도쿄 대학 총장이 되는 하마오 아라타浜尾新*도 참석했다. 나가이가 일본으로 데려온 테레제 부인은 그 후 조약 개정을 위해 유럽풍의 관습을 도입한 로쿠메이칸鹿鳴館 시대54)의 풍조 속에서 일본의 사교계에 없어서는 안 되는 인물이 되었다.

귀국 후 바로 나가이는 일본화학회의 전신인 도쿄 화학회 회장에 선출되었고 이어서 일본약학회의 전신인 도쿄 약학회의

---

54) 로쿠메이칸鹿鳴館 시대 : 로쿠메이칸은 도쿄 히비야日比谷에 있었던 메이지 시대의 관설官設 사교장으로, 영국인 건축자 콘돌의 설계에 의해서 1883년에 완성되었다. 당시 외무경外務卿이었던 이노우에 가오루井上馨가 불평등조약 개정 교섭을 위해 기획하여 일본 국내외 상류계급의 무도회 등이 개최되어 메이지 정부가 추진했던 서구주의의 상징이 되었다. 이처럼 메이지 시기의 근대화에 서구주의가 추진된 시기를 로쿠메이칸 시대라 한다.

회장으로도 추대되었다. 약학회 회장직은 그 후 42년간에 걸쳐 맡게 되어, 문자 그대로 일본 약학의 선구자가 되었다. 그 사이 나가이는 약률藥律의 개정, 매약법의 제정 등 일본 약사행정에도 진력했다.

　나가이는 오랫동안의 독일 유학과 테레제 부인과의 결혼 경험으로부터 일본 여성 교육이 갖추어지지 않았음을 절실히 느끼고, 1901년 일본여자대학 설립 때부터 그 향설화학관에서 가정화학 교육에 정열을 기울였다. 또한 오차노미즈お茶の水 여자대학교의 전신인 도쿄 여자사범학교에서도 화학 강의를 담당했는데, 그 문하에서 일본 최초의 여성 약학박사인 스즈키 히데루鈴木秀留와 잇꽃의 색소인 카르타민Carthamin과 보라색 색소인 시코닌Shikonin의 연구자로 알려진 최초의 여성 화학자 구로다 지카黒田チカ*가 배출되었다. 또한 국제사회에서 활동하는 여성을 양성할 목적으로 1899년에 쌍엽회雙葉會를 설립하고, 1911년에는 일독협회日獨協會 설립에 진력하여 독쿄獨協 중학교의 교장직을 맡는 등 일독문화교류에 힘썼다.

　나가이는 1929년 2월 4일 83세로 사망했다. 시부야澁谷의 자택은 유족에 의해 일본약학회에 기증되었고, 현재 그 땅에 일본약학회 건물이 세워져 있다. 또한 나가이의 많은 유품 자료는 도쿠시마 대학 약학부에 기증되었으며, 이들을 소장하는 나가이 기념홀이 세워져 있다.

17. 우마미의 화학성분 '아지노모토'를
발견한 이케다 기쿠나에

오사카의 세이미국은 단명이었지만 일본 화학에 남긴 영향은 작지 않았다. 세이미국에서 하라타마의 조수를 역임했던 무라하시 지로村橋次郎 〈그림 17·1〉는 세이미국이 이학교理學校로 개칭되어 하라타마 후임으로 독일인 화학자 리테르가 부임한 후에도 이치가와 세이자부로市川盛三郎, 기시모토 이치로岸本一郎 등과 함께 이화학 교육을 담당했다. 그러나 1872년에 학제 개혁이 실시되어 이화학을 전문교육한 이학교는 폐지되고, 일반 교육을 하는 오사카 개성학교로 편성되기에 이르렀다. 세이미국의 건물은 시약장으로 전용되어 후에 오사카 위생시험소가 되었고, 무라하시는 일본인 최초의 소장이 되었다. 1879년 시약장 시절의 무라하시에게 화학실험을 배운 16세의 청년이 있었다. 그가 훗날 '아지노모토味の素'를 발견한 이케다 기쿠나에池田菊苗[*] 〈그림 17·2〉였다.

이케다는 1864년에 교토에서 태어났지만 부친인 이케다 하루나에가 그즈음 오사카로 이전하여 무라하시와 가깝게 지내고 있었던 인연으로 무라하시에게 처음으로 화학을 배우게 되었다.

〈그림 17·1〉 무라하시 지로村橋次郎

이케다는 천부적인 화학 재능이 있었는지, 혼자 실험하여 구리鋼의 원자량을 측정해내어 무라하시를 놀라게 했다고 한다. 세이미국에서 하라타마에 의해 밝혀진 일본 화학의 등불은 이렇게 해서 무라하시를 통해 이케다에게 이어지게 되었다.

그즈음 이케다 집안은 유복하지 않았다. 1881년 봄, 집안사람들이 꽃구경 하러 외출하고 집을 비웠을 때, 이케다는 자신의 이불을 팔아 여비를 마련해 부모에게 말하지 않고 무단으로 집을 나와 상경하고는 다음해에 대학 예비문豫備門에 입학했다. 보다 깊게 화학을 공부하고 싶었기 때문이었다. 당시의 가정 빈곤과 이케다의 향학심이 아지노모토 발견의 원인이 되었던 것을 훗날 다음과 같이 회고하고 있다. "그즈음 곤궁을 탈피하려는 욕망이 자신의 화학 연구를 응용 방향으로 향하게 하는 잠재적

〈그림 17·2〉이케다 기쿠나에池田菊苗

인 동기였다는 사실을 부정할 수 없다."

대학 예비문을 나온 이케다는 1885년에 도쿄 대학 이학부에 입학했다. 여기에서 사쿠라이 조지의 눈에 띄어, 그의 지도를 받아 졸업을 하고 은사와 의형제 사이가 되었다. 이케다는 화학과는 별도로 어학 능력도 우수하여 부업으로 간다 교리쓰 학교와 아오야마 학원에서 영어 교편을 잡았다. 국학원대학國學院大學에서는 쓰보우치 쇼요坪內逍遙*의 후임으로 셰익스피어를 강의했다는 일화에서 문학자로서도 예사롭지 않은 실력을 갖고 있었다는 사실을 알 수 있다. 후에 영국에 유학 갔을 때 하숙을 함께 한 나쓰메 소세키夏目漱石*를 감탄시킬 정도로 사상, 철학의 소양을 갖고 있었다. 이케다가 항상 좌우명으로 삼았다는 논어의 말은 "배우기만 하고 사색하지 않으면 무지해지지만, 그렇다고

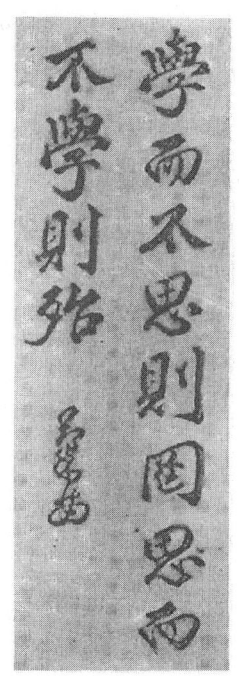

〈그림 17·3〉 이케다 기쿠나에가 직접 쓴 좌우명

자기 맘대로 생각하고 확실히 공부하지 않으면 그것은 위험한 것이다"〈그림 17·3〉는 사색자이자 실험화학자 이케다 기쿠나에의 내면을 잘 나타내고 있다.

　나쓰메 소세키는 1908년에 쓴 『처녀작 추억담處女作追憶談』에서 런던 시절의 이케다 기쿠나에에 관해 다음과 같이 회술했다. "이케다 기쿠나에 군은 독일에서 런던으로 와 나의 하숙에 머물렀다. 이케다 군은 이학자이지만 이야기를 해 보면 훌륭한 철학자였다는 사실에 놀랐다. 오랜 토론에서 상당히 밀렸던 일을 지금도 기억하고 있다. 런던에서 이케다 군을 만난 것은 나에게 큰 이익이었다. 덕분에 유령과 같은 문학을 그만두고 더 조직적인 연구를 해야겠다고 생각하기 시작했다."

1896년에 이케다는 모교인 도쿄 대학 이학부 조교수로 임명받고 물리화학을 전공으로 하는 연구 활동을 시작했다. 예컨대, 그즈음 이케다가 실시한 연구는 자당蔗糖의 가수분해 반응의 속도를 유리 팽창계를 사용해서 정량적으로 다루는 연구, 승홍수昇汞水의 살균력을 용매와의 관계에서 논하는 용액론, 용액 속의 용매는 통과시키지만 그 속에 녹아 있는 용질은 통과시키지 않는 반투막을 사용하면 반투막 외측의 용매분자가 내측의 용액에 일방적으로 흘러들어갈 때 용액의 압력 즉 삼투압이 높아지는 현상의 본질을 이론적으로 해석하는 선구적 연구였다.

1899년에는 그러한 물리화학에서 세계적 권위였던 독일 라이프치히 대학의 오스트발트F. W. Ostwald의 연구실로 유학했다. 이케다는 오스트발트에게 경도傾倒하여 그 실증주의적 사상에 깊은 영향을 받았다. 거기에서 이케다는 미립자가 용매에 용해되지 않고 분산해 있는 콜로이드 화학을 공부했다. 콜로이드는 우리 일상생활과 인연이 많다. 예컨대 우유는 카제인이라는 단백질의 미립자가 물에 분산되어 있는 콜로이드이다. 중국 황하의 탁함은 황사의 미립자가 콜로이드로 분산되어 있는 것이다. 그는 새로운 콜로이드 화학을 오스트발트 연구실에서 공부하여 일본에 처음 소개했다.

1901년에 귀국한 이케다는 당시 도쿄 제국대학 이과대학이라 불린 모교의 교수로 임명되어 전공인 물리화학 연구를 진행하는 한편 '우마미旨味'라는 맛의 본질을 해명하려는 연구에 도전했다. 인간의 혀가 느끼는 맛에는 신맛, 단맛, 짠맛, 쓴맛, 신맛 5종이 있어서, 이 5종의 맛이 적당히 어울려 다양한 맛이 발현

〈그림 17·4〉 다시마로부터 처음으로 추출된 글루타민산 나트륨

된다고 하는 것이 그때까지 생리학이 가르치는 통념이었다. 그러나 이케다는 그 밖에 어류나 육류에 '우마미'라고 느끼는 독특한 맛이 틀림없이 존재한다고 생각했다.

글루타민산은 단백질을 만들어내는 20종의 아미노산 중 하나로 가장 널리 알려져 있는 일반적인 아미노산이다. 따라서 많은 화학자가 그때까지 이 아미노산을 다루고 있었지만 아무도 아미노산에 우마미가 있다는 사실을 눈치 채지 못했다. 글루타민산 자체는 신맛을 띠고 있어 맛이 없다고 그때까지의 문헌에 기재되어 있었다. 이케다가 다시마에서 추출한 우마미 성분 〈그림 17·4〉인 글루타민산은, 글루타민산이기는 해도 그것의 나트륨염이었다. 즉 글루타민산의 이온이 우마미의 기본이었던 것

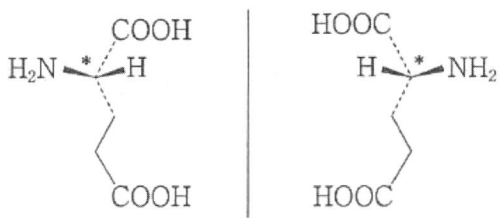

<그림 17·5> 글루타민산의 화학구조식

이다.

글루타민산은 천연의 단백질 중에 있는 것과 마찬가지로 L-글루타민산이지만 그 L이라는 것은 라틴어로 왼쪽을 의미하는 levo에서 유래한 기호로, 왼쪽형의 글루타민산을 의미한다. 글루타민산 분자에는 〈그림 17·5〉의 구조식에 *표를 붙인 탄소와 같이 비대칭탄소 원자가 1개 존재한다. 비대칭탄소 원자라는 것은 탄소에 결합하는 4종의 원자 혹은 원자단이 모두 다르다는 의미로, 입체적으로는 탄소원자는 정사면체 방향으로 4개의 결합손을 내미는 관계에 있다. 이처럼 부제[55] 탄소를 1개 갖는 분자에는 실체와 그 거울에 비추어진 거울상체와의 관계, 달리 말해 왼손과 오른손의 관계처럼 겹칠 수 없는 이성체가 존재하게 된다. 이러한 왼손형을 화학에서는 L, 오른손형을 D라 부르는 관습이 있다. D라는 것은 dextro의 약자로 오른쪽을 의미한다. 한편, 이상하게도 우리의 체내에 있는 단백질을 만드는 아미노산은 모두 L형으로 되어 있어 D형은 포함되어 있지 않다.

맛을 느끼는 혀바닥 미뢰味蕾 세포의 단백질도 모두 L-아미노

---

55) 비대칭

산으로 되어 있다. 거기에 L-아미노산이 붙는 것과 D-아미노산이 붙는 것은 서로 입체관계가 전혀 다르다. L-글루타민산은 미뢰의 단백질에 잘 맞지만 D-글루타민산은 맞지 않는다. 왼손형 장갑을 왼손에 끼느냐 오른손에 끼느냐 하는 문제와 마찬가지이다. 그렇기 때문에 L-글루타민산 이온은 우마미를 띠지만 D-글루타민산 이온은 우마미를 띠지 않는다고 하는 맛의 생리학을 이해할 수 있다.

알고 보면 당연한 일이지만, 아무도 알지 못했던 새로운 사실을 발견하고 실증하는 것이 과학의 가장 중요한 창조적 행위라고 한다면, 이케다의 우마미 발견은 일본이 자랑할 만한 메이지시대의 창조적 과학 업적이라고 할 수 있다.

글루타민산 이온은 나트륨염으로 결정화시킬 수가 있었기 때문에 '아지노모토味の素[56]'라는 유명한 조미료가 만들어지게 되었다. '아지노모토'는 보리의 가수분해물에서 우마미를 가진 조미료를 제조한 것이다. 이렇게 하여 세계적으로 독특한 아미노산 공업이 일본에서 탄생했다. 1909년에 처음 '아지노모토'가 시판된 것이 오늘날의 아지노모토 주식회사의 발단이었다.

이케다는 이어서 협동연구자인 고다마 신타로小玉新太郎에게 다랑어의 우마미 성분을 연구하도록 했다. 이에 의해 1913년에 규명된 제2의 우마미 성분인 이노신산이 나오고, 이것을 글루타민산 나트륨과 혼합하여 우마미가 더 강화된 조미료가 탄생했다. 현재 우마미라는 말은 그대로 국제어로 인정받고 있다.

---

56) 아지노모토味の素 : 다시마의 우마미 성분을 연구하고 있던 이케다 기쿠나에池田菊苗가 스즈키 제약소鈴木製藥所에 글루타민산 소다의 공업화를 의뢰하고 생산에 착수해 1909년에 개발한 조미료의 상표명

이케다는 1936년에 만 71세로 생애를 마쳤지만 사색인이자 화학자 이케다 기쿠나에의 이름은 '아지노모토'와 함께 잊어지지 않고 있다.

18. 최초로 비타민을 발견한
스즈키 우메타로

　비타민을 최초로 추출한 것이 일본인 화학자라고 하면 정말일까 하고 생각하는 사람이 많을 것이다. 호르몬 제1호가 다카미네 조키치의 아드레날린이었던 것처럼, 비타민을 처음으로 분리한 사람은 스즈키 우메타로鈴木梅太郎[*]〈그림 18·1〉였다.

　스즈키 우메타로는 1874년에 시즈오카현靜岡縣 오마에자키御前崎에 가까운 농가에서 차남으로 태어났다. 14세 때 집안사람들이 집을 비웠을 때 8엔을 가지고 나와 도쿄로 가서는 간다神田의 일본영어관에 들어가 영어 공부를 시작했다. 어릴 때 부모의 허락도 없이 집을 나와 상경하여 고학으로 학문을 시작한 것은 앞장에서 언급한 이케다 기쿠나에池田菊苗의 일화와 흡사하다. 메이지 시대에 향학열에 불타던 젊은이들의 공통된 의기와 사회 환경을 떠올리게 된다. 또한 그것이 과학상의 큰 발견으로 이어지는 소질과 무관하지 않다고 생각된다.

　스즈키의 집안은 농가였기 때문에 그 분야에서 부모님에게 보답하고 싶다는 마음에서 농학을 공부하고자 했다. 그는 1893년에 훗날 도쿄 대학 농학부가 되는 농과대학에 입학했다. 여기

〈그림 18·1〉 스즈키 우메타로鈴木梅太郎

에서 가장 영향을 받은 것이 조교수인 고자이 요시나오古在由直[*]
였다. 고자이는 아시오 동산足尾銅山에서 광독鑛毒 문제가 발생했을
때, 농민 측에 서서 수질을 화학분석하고 구리광산에서 유출되
는 구리에 의한 광독의 실체를 과학적으로 입증한 것으로 알려
져 있다.

1896년에 농과대학을 졸업한 스즈키는 1900년에 문부성으로
부터 유럽으로 파견되어 취리히 공과대학, 베를린 대학으로 유
학했다. 베를린 대학에서는 그즈음 새롭게 발흥한 펩타이드 화
학 연구의 중심이었던 헤르만 에밀 피셔Hermann Emil Fischer의 연구실
에 들어가 스승인 피셔로부터 높은 신뢰와 평가를 받았다. 그가
귀국할 때 일본으로 돌아가면 유럽에 없는 일본 독자적인 주제

를 선택하여 연구하라는 조언을 스승으로부터 받기도 했다.

1906년에 귀국한 스즈키는 일단 모리오카 고등임학교盛岡高等林學校에 들어갔지만, 다음해 모교의 교수로 임명받고 도쿄 대학 농학부로 돌아왔다. 그즈음 일본에서는 각기병이 만연하여 국가적으로도 해결하기 어려운 큰 사회문제가 되어 있었다. 일본인이 정미精米한 쌀로 밥을 먹기 시작한 메이지 초기부터 이 병이 유행하기 시작한 것이었다. 계속 흰 쌀밥을 먹었던 육군 병사를 비롯하여, 청일전쟁 때는 4만7천명의 각기병 환자가 나왔으며, 러일전쟁에서는 환자수 25만명, 사망자수가 2만8천명에 이르는 사태에 이르렀다. 육군의무국과 도쿄 대학 의학부가 중심이 되어 설립된 임시 각기병 조사회는, 각기병이 병원균에 의한 전염병이라 예측하고 그 병원균을 탐색하기 시작했다. 이는 당시 구미에서 결핵을 비롯해 콜레라, 티프스 등의 난치병 원인이 모두 병원균에 의한다는 사실이 실증되어 세균학이 새롭게 발흥해 있던 풍조가 일본 의학계에도 강하게 영향을 미치고 있었기 때문이었다.

그즈음 자바에 와 있던 네덜란드인 의학자 에이크만Eijkman은 입원환자가 먹다 남긴 흰쌀밥으로 사육했던 닭이 인간의 각기병과 비슷한 증상을 보였고, 사료에 쌀겨를 섞자 병이 없어진다는 사실을 발견하고는 백미병白米病이라 이름 지어 발표했다. 스즈키는 처음에 일본인의 주식인 쌀의 단백질을 연구하기 시작했지만, 1910년부터는 각기병의 원인 규명에 착수했다. 스즈키는 농학자였기 때문에 당시의 일본 의학계를 지배하고 있었던 풍조와는 무관했던 것이 다행이었다. 각기병의 '세균원인설'에 영향을 받지 않고 쌀겨에 존재할 지도 모르는, 각기병을 고치는

147

물질을 탐색하기 시작했던 것이다.

　이는 과학에 있어서 발상의 전환이었다. 밖에서부터 들어오는 세균에 의해서 각기병이 발병된다고 하는 사고에 반해서, 정미되면 탈락되는 쌀겨 속에 각기병을 방지하는 물질이 내재하고 있다고 하는, 180도 역발상이었다. 과학 연구에서는 이러한 발상의 전환에 의한 극적인 전개가 역사적으로도 몇 차례 확인된다. 천동설에서 지동설로 전환한 코페르니쿠스적 전환에 의해서 근대 천문학이 열린 것, 물질이 연소燃燒한다고 하는 성질로부터 연소燃素가 빠져나가는 것이라는 플로지스톤설Phlogiston Theory에 대해서 반대로 산소가 첨가되는 것이 연소燃燒라고 한 라보아지에의 연소설에 의해서 근대화학이 시작된 사실이 떠오른다. 그러나 그 시대의 지배적인 고정관념을 전복하는 발상의 역전환에는 커다란 저항과 희생이 따르게 마련이다.

　스즈키는 쌀겨의 알코올 추출액에 인텅스텐산tungstophosphoric acid을 넣어 침전시킨 것이 비둘기의 각기병에 큰 효과가 있다는 것을 처음으로 발견했다. 그리고 이를 산성물질이라 생각해서 아베르산aberic acid[57])이라 명명했다. 그러나 얼마 후 이는 산성이 아니라 염기성이라는 사실을 알고 벼의 학명인 Oryza satiba에 근거해 오리자닌Oryzanin이라 명명하여 1910년 12월 13일 도쿄 화학회 예회에서 발표하고, 이듬해 1911년에 『도쿄 화학회지東京化學會誌』 32권 1호에 '당 속의 어느 유효성분에 관해서'라는 제목으로 보고했다. 이 논문에서 스즈키는 "백미를 먹여 쇠약해져서 사망하려는 동물에 당이나 현미를 주면 얼마 지나지 않아 회복한다. 처

---

57) '아베르산aberic acid : 'aberi'는 저항하다'는 뜻의 'a'와 '각기脚氣'를 뜻하는 'beri'의 합성어

음에 이는 쌀의 저장법이 좋지 않기 때문에 유해한 미생물이 기생해서 일어나는 병이라고 생각되었지만, 그 후의 연구를 통해 동물의 생활에 필요한 물질이 백미 속에는 부족하기 때문에 발생한다는 사실이 분명해졌다."고 명확하게 밝혔다. 이는 중요한 견해로 오리자닌은 단순히 각기병을 고치기 위한 유효성분이라는 데 그치지 않고, 살아가기 위해 없어서는 안 되는 영양소 즉 비타민이라는 것을 처음으로 언급한 것이다. 그때까지 아무도 생각하지 못했던 것이었다.

이때 스즈키의 일본어 논문은 데라우치 유타카照內豊*가 독일어로 번역하여 독일의 생화학잡지 1911년 8월호에 소개했다. 이에 의해 스즈키의 연구가 처음으로 국외에도 알려지게 되었다. 이듬해 영국의 생화학잡지에 카지미르 풍크Casimir Funk가 쌀겨로부터 스즈키와 같은 추출법으로, 같은 작용을 나타내는 물질을 추출했다고 보고하고, 이를 비타민vitamin이라 명명했다. 비타민이란 vital amine, 즉 살아가기 위해서 필요한 아민이라는 뜻이다. 비타민이라는 이름이 일반적으로 수용되어 결과적으로 오리자닌이라는 이름은 사라져 버리게 되었다.

1912년 노벨생리학 의학상이 닭의 각기병이 쌀겨로 치료된다는 사실을 처음 발표한 크리스티안 에이크먼Christiaan Eijkman*과 전유全乳를 뺀 음식으로 사육하면 쥐의 성장이 멈춘다는 사실로부터 새로운 영양소의 개념을 1912년에 발표한 프레더릭 가울랜드 홉킨스Frederick Gowland Hopkins에게 주어졌다. 사실 에이크먼은 닭의 각기병은 닭의 소낭素囊 속에서 부패하여 생긴 독소에 의해 발병하는 것이고, 쌀겨에는 그 독소를 중화하는 성분이 포함되어 있다고 생각했다. 홉킨스의 새로운 영양소 발견은 앞서도 언

〈그림 18·2〉 이화학연구소 연구실에 있는 스즈키 우메타로

급한 바와 같이 이미 1년 전에 스즈키가 『도쿄 화학회지』에 발표한 견해와 궤를 같이 한다. 공평하게 보아 비타민을 최초로 추출하고 이에 정확한 개념을 부여한 사람이 스즈키였다고 생각하는 것은 일본인으로서 편견일까?

또한 이 새로운 영양소에 해당되는 물질은 그 후 연이어 발견되어, 비타민 A, B, C, D, E 이하의 알파벳을 붙여 부르는 것이 관례가 되었다. 스즈키의 오리자닌은 오늘날 비타민 B_1이 되었다. 비타민 A는 B_1보다 4년 늦은 1914년에 처음으로 간유肝油 속에서 발견되었다. 따라서 비타민으로서 가장 먼저 분리된 것은 비타민 B_1 즉 오리자닌이었던 셈이다.

스즈키의 오리자닌은 발견 당시 일본의 의학계로부터 강한 비판을 받았다. "쌀겨로 병이 낫는다면 소변을 마셔도 병이 나을 것이다."라는 야유를 받았다. 과학에 있어서도 집단적인 고정관념의 무서움을 알게 한다. 그러나 유럽에서 점차 비타민 B_1

신영양소설이 인정받게 되자, 일본에서도 1919년에 도쿄 대학의
시마조노 준지로島園順次郎*나 게이오 대학의 오모리 겐타大森憲太*
등에 의해서 각기병의 주요 원인이 비타민 B_1 결핍에 있다는
사실이 의학적으로 인정받게 되었다.

　스즈키에 의해 분리된 오리자닌 즉 비타민 B_1은 아직 결정이
될 정도로 순수하지 않았다. 그것의 결정화는 1926년 얀센B. C. P.
Jansen과 도나스W. F. Donath에 의해 이루어졌으며, 화학구조는 1935년
미국의 윌리엄스R. R. Williams와 독일의 그레베R. Grewe에 의해 독립적
으로 밝혀졌고, 화학적 전합성은 1936년에 윌리엄스에 의해서
달성되었다. 최초의 발견이 일본에서 이루어졌음에도 불구하고
그 후의 비타민의 화학적 업적은 유럽에 그 업적을 양보하는
결과가 되었다.

　스즈키는 1924년에 학사원상, 1943년에 문화훈장을 받고 드디
어 그 업적이 보상을 받았다. 스즈키는 그 후 이화학연구소의
주임연구원이 되었다 〈그림 18・2〉. 그때 스즈키 연구실에 있었
던 다카하시 가쓰미高橋克己*에 의해 비타민 A의 추출에 이어지는
제조 개발이 실시되어 '이화학연구소 비타민 A'로 판매되자, 이
화학연구소의 경영난을 구제했다. 그 후 스즈키는 만주의 대륙
과학연구원 원장을 맡았는데, 1943년 9월 20일에 장폐색으로 69
세의 나이로 생을 마쳤다.

　비타민 B_1의 그늘에 가려 비타민 A의 최초 분리에 관해서는
잘 알려져 있지 않지만, 이것도 이화학연구소의 스즈키 연구실
에서 다카하시 가쓰미에 의해 1923년에 세계에서 가장 먼저 간
유로부터 추출・분리되었다. 비타민 A는 1913년에 엘머 맥컬럼
Elmer McCollum에 의해 우유 속에 존재하는 성장인자로 보고되었고,

1920년에 드럼몬드 J. C. Drummond에 의해 비타민 A라고 명명되었다. 비타민 A는 버터나 간유, 우유에 포함되어 있는데, 부족하면 야맹증이나 피부 건조증 등의 결핍증상을 가져온다고 알려져 있는데, 실제로 그것이 화학적으로 추출된 것은 1923년 다카하시의 추출 연구가 최초였다. 다카하시는 이 성과로 일본화학회 사쿠라이상櫻井賞 (현 일본화학회상) 과 제국학사원상帝國學士院賞을 받았으며, 그 제조법을 개발해서 실용에 기여한 것은 전술한 바와 같지만 결정으로 얻는 데까지는 이르지 못했다. 비타민 A의 결정화는 1940년이 되어 박스터J. G. Baxter에 의해 달성되었다.

찾아보기

가나모리 긴켄金森錦謙〔?~1862〕: 막부 말기의 양학자. 마쓰에松江 번사. 비츄국備中國 (오카야마현岡山縣) 출신으로 어릴 때 나가사키로 나가 난학을 배운 후, 에도로 가서 쓰보이 신도坪井信道의 문하가 되었다. 1849년 마쓰에번松江藩 (시마네현島根縣) 난학어용蘭學御用으로 고용되었으며 또 막부의 포술사범이었던 시모소네 긴사부로下曾根金三郎와 함께 응징관膺懲館에서 서양병학서를 번역했다. 그리고 반사로反射爐의 텍스트가 된 『철포주감鐵礟鑄鑑』, 『뇌화총신서雷火銃新書』 등을 간행한 외에 페리 내항을 기록한 『위원담필威遠譚筆』, 『죽도도설竹島図説』 등의 견문록도 저술했다.

가쓰 가이슈勝海舟〔1823~1899〕: 막부 말기에서 메이지 시대의 정치가. 에도 출신. 이름은 야스요시安芳. 난학과 병학을 배우고 1860년 막부사절과 함께 간린마루咸臨丸를 지휘하여 도미했다. 막부 해군 육성에 진력을 다했다. 막부 측 대표로 사이고 다카모리西鄉隆盛를 회견하고 에도 무혈개성江戸無血開城을 실현했다. 메이지 유신후, 해군경海軍卿, 추밀고문관樞密顧問官 등을 역임. 저서 『취진록吹塵錄』, 『해군역사海軍歷史』, 자서전 『빙천청화氷川淸話』 등

가쓰라가와 호사쿠桂川甫策〔1839~1890〕: 막부 말−메이지 시대의 의사 겸 화학자. 가쓰라가와 호켄桂川甫賢의 차남. 1862년 막부의 양서조소洋書調所 조수로 근무한 후에 개성소開成所 교수가 되었다. 유신 후에는 대학남교大學南校 교수, 문부성 번역관을 역임. 『오란다

자휘和蘭字彙』의 개정출판에도 진력했다. 에도 출신. 이름은 구니모토國幹. 저서 『화학입문化學入門』 등

가와노 데이조河野禎造〔1818~1871〕: 막부 말기에서 유신기의 난방의蘭方医 겸 화학자, 농학자. 의사이자 국학자國學者인 하라다 다네히코原田種彦의 3남. 부친에게 의업을 배운 후 후쿠오카福岡 번의藩医 가와노河野 집안의 양자가 되어 30세에 가독家督 상속. 1849년 번명藩命으로 나가사키에 유학해 반 덴 브룩 및 시볼트에 의해 의학, 화학을 습득했다. 번의 의료, 정련精錬 사업에 조언을 했다. 번명으로 『세이미 편람舍密便覽』을 번역해서 1859년 출판. 십여 년간 나가사키에 체류하고 다시 번으로 돌아왔으나 번의 사업 축소로 실직했다. 그러나 후생제민厚生濟民 사상에 고무되어 50세에 농작물 개량을 목표로 해서 각지를 순찰했다. 농작법에 서양식을 도입한 『농가비요農家備要』전편 5권을 1870년에 출판했다.

가와키타 요시타쓰河喜多能達〔1853~1925〕: 메이지에서 다이쇼 시대에 걸친 응용화학자. 독일과 영국 유학 후, 1897년 도쿄 제대東京帝大 공과대 교수가 되었다. 유기화학과 기폭제인 뇌홍雷汞의 연구 등으로 알려져 있다.

고자이 요시나오古在由直〔1864~1934〕: 농예화학자. 교토 출신. 고마바 농학교駒場農學校 졸업. 1895년 독일로 유학하여 우유부패균을 연구함으로써 독일학계에서 명성을 얻었다. 1899년 농학박사 취득 후 1900년 귀국, 도쿄 제국대학교 농과대학 교수가 되었다. 메이지 초기 아시오 광산足尾鑛毒에서 발생된 아시오 광독사건 발생 초, 광독 피해 농민들의 의뢰로 나가오카 미네요시長岡宗好와 함께 1890년 처음으로 피해원인을 과학적으로 분석하고 하수에서 동銅 화합물을 검출했다.

고트프리드 바그너 Gottfried Wagner〔1831~1892〕: 독일의 화학자. 1868년 내일하여 1870년 히젠肥前 사가번佐賀藩의 아리타有田에서 도자기 제작을 지도했다. 후에 도쿄 대학교, 도쿄 직공학교東京職工學校 (도쿄 공업대東京工業大의 전신) 등에서 가르쳤으며, 직접 도자기

(아사히 도기旭燒)를 제조하기도 했다. 그 사이에 빈 만국박람회 (1873), 필라델피아 만국박람회(1876)에서 일본정부의 고문으로 공예미술품을 해외에 소개하는 데 힘을 쏟았다.

구로다 나가히로黑田長溥〔1811~1887〕: 막부 말기의 후쿠오카福岡 번주藩 主. 사쓰마薩摩 번주 시마즈 시게히데島津重豪의 9남으로 1822년 12 세에 구로다 나리키요黑田齊淸의 양자가 되어 1834년 번주가 되었 다. 번정藩政 개혁에 진력했으며, 또한 난학을 선호하여 분세이기 文政期에는 나리키요와 함께 나가사키에서 시볼트와 회견했다. 페 리 내항 때는 개국을 주장했다. 1862년 공무公武 주선을 위해서 상경. 1864년 금문의 변禁門の変 후에는 막부와 조슈번長州藩과의 알 선을 위해 노력했지만, 1865년 가토 시쇼加藤司書 등 근왕파勤王派 를 탄압한 이후 좌막적佐幕的 입장을 취해 메이지 유신을 맞이했 다.

구로다 지카黑田チカ〔1884~1968〕: 다이쇼大正에서 쇼와昭和 시대의 화학 자. 사가현佐賀縣 출신. 도호쿠 제대東北帝大 졸업. 마지마 리코眞島利 行에게 수학하고 식물 색소를 연구했다. 1918년 도쿄 여자고등사 범학교東京女子高等師範學校 (현재 오차노미즈여자대학お茶の水女子大學) 교수. 1929년 일본에서 두 번째 여성 이학박사가 되었다. 잇꽃의 색소인 카르타민의 구조를 결정했고, 1936년 일본화학회 제1회 마지마상眞島賞을 수상했다.

구하라 미쓰루久原躬弦〔1856~1919〕: 화학자. 오카야마岡山 출신. 교토 대학 총장. 일본 유기화학 연구의 이론적 기초를 구축했다. 저 서 『입체화학요론立体化學要論』 등

기타 겐이쓰喜多源逸〔1883~1952〕: 공업화학자. 나라현奈良縣 출신. 교토 대학교 교수. 인조섬유·합성섬유·합성고무의 제조법을 연구. 일 본 공업화학의 창시자 중 한 사람으로 많은 제자를 육성했다.

기타사토 시바사부로北里柴三郎〔1852~1931〕: 세균학자. 구마모토熊本 출 신. 독일에 유학해 로베르트 코흐Robert Koch 밑에서 연구하면서 파상풍균의 순수배양에 성공했으며, 항독소를 발견했다. 귀국 후

페스트균을 발견해 혈청요법을 연구했다. 전염병연구소 소장을 맡고 있던 중 연구소가 도쿄 대학교로 이관되는 것에 반대해 사재를 투자해 기타사토 연구소北里研究所를 창립했다.

나가요 센사이長与專齋〔1838~1902〕: 의학자. 메이지의 위생행정기구衛生行政機構를 확립했다. 히젠국肥前國 (나가노현長崎縣) 오무라大村 번의의 집안에서 태어나 4살에 부친과 사별하고 조부에게 양육되었다. 1854년 오사카의 오가타 고안의 적숙適塾에 들어가 1858년에는 후쿠자와 유키치福澤諭吉를 대신하여 숙두塾頭가 되었다. 1861년 나가사키의 정득관精得館에 들어가 폼페에게 의학을 배우고, 1864년 오무라번의 시의侍医가 되었으며, 1866년에 다시 나가사키로 나와 의학연구에 종사하다가 1868년 나가사키 의학교長崎医學校의 교장이 되었다. 1871년에 상경하여 문부성에 들어가, 같은 해 이와쿠라 도모미岩倉具視 구미사절단遣歐使節団에 참가했으나 도중에 헤어져 유럽의 위생 사정을 시찰하고 1873년에 귀국. 사가라 도모야스相良知安에 이어 문부성의 의무국장医務局長이 되었고, 1874년 도쿄의학교 교장이 되었다. 1875년 문부성 의무국은 내무성으로 옮기고, 다음해 위생국으로 개칭. 나가요는 1891년까지 위생국장으로 재임했는데, 그 사이에 의제医制, 초창기의 위생 행정을 확립하여 콜레라 예방 등에 공적을 남겼다. 나가요의 후임으로는 아라카와 구니조荒川邦藏가 취임했지만, 1892년에는 나가요가 마음에 두었던 고토 신페이後藤新平가 위생국장이 되어 그 정책을 추진했다. 퇴임 후 나가요는 궁중고문관宮中顧問官, 중앙위생회中央衛生會 회장, 대일본사립위생회大日本私立衛生會 회장 등을 맡아 위생행정계의 거두가 되었다. 원로원元老院 의원, 귀족원貴族院 의원. 저서에 회상록『송향사지松香私志』가 있다.

나가이 나가요시長井長義〔1845~1929〕: 메이지-다이쇼大正 시대의 약학자. 1871년 제1회 관비유학생으로 독일에 건너가 화학을 배우고, 1874년 귀국하여 도쿄 대학교 교수가 되었다. 에페드린ephedrine을 발견하고 그 합성에 성공했다. 일본약학회를 창립한 초대 회장.

일본여자대학교의 창립에도 진력했다. 아와阿波 (도쿠시마현德島縣) 출신. 대학동교大學東校 졸업

나쓰메 소세키夏目漱石〔1867~1916〕: 소설가이자 영문학자. 에도 출신. 영국 유학 후 교사직을 그만두고 아사히朝日 신문의 전속작가가 되었다. 자연주의에 대립하여 심리적 수법으로 근대인의 고독과 이기주의를 추구하였고, 만년에는 '則天去私'의 경지를 추구했다. 일본 근대문학의 대표적인 작가

나카무라 기스케中村奇輔〔1825~1876〕: 막부 말기의 기술자. 교토 출신. 히로세 겐쿄廣瀬元恭의 사숙인 자습당時習堂에서 난학을 배우고 사가번의 정련방이 되었다. 1853년 나가사키에 입항한 러시아 함선에서 증기기관차의 모형을 견학. 1855년 증기선과 증기기관차의 모형을 만들었고, 1857년에는 전신기 제작에 성공했다.

노요리 료지野依良治〔1938~ 〕: 유기화학자. 효고兵庫 출신. 1972년 나고야名古屋 대학교 교수가 되었고, 1979년 같은 학교 화학측정기기 센터장을 겸임. 광학이성체를 가지는 유기화합물의 합성반응을 연구하여 우수한 생물기능을 가진 광학순도가 높은 화합물의 공업생산을 가능하게 했다. 1996년 학사원상學士院賞, 2000년 문화훈장, 2001년 노벨화학상 수상. 2003년 이화학연구소 이사장. 교토대학교 출신

니토베 이나조新渡戸稲造〔1862~1933〕: 교육자이자 농정학자農政學者. 이와테岩手 출신. 삿포로札幌 농학교 졸업 후, 미국과 독일에 유학. 1고一高 교장, 도쿄대 교수, 도쿄 여자대학교 초대 학장 등을 역임. 국제연맹 사무차관, 태평양문제조사회 이사장으로서 국제 이해와 세계 평화를 위해 진력했다. 저서『농업본론農業本論』,『무사도武士道』등

다나카 고이치田中耕一〔1959~ 〕: 기술자. 생화학자. 후쿠야마富山 출생. 단백질 등 생체고분자의 질량분석법을 개발해 2002년 노벨 화학상을 수상했다. 박사 등의 학위를 갖지 않는 일반회사원의 수상이어서 더욱 화제가 되었다. 같은 해 문화훈장 수장受章

다나카 다테아이키쓰田中舘愛橘[1856~1952] : 물리학자. 이와테岩手 출신. 도쿄대 교수. 14세 때 오카야마盛岡로 가서 번교藩校에서 화한학和漢學을 배우고, 1872년에 에도로 나와 게이오의숙영어학교慶応義塾英語學校, 개성학교開成學校 등을 거쳐 1878년 도쿄 대학 이학부理學部에 입학. 1882년에 졸업하고 이듬해 같은 학교 조교수로 취임. 1888년부터 관비로 유럽에 유학하여 글래스고Glasgow 대학에서 윌리엄 톰슨William Thomson에게 사사했다. 베를린 대학에서도 수강하고, 1891년 미국을 경유해 귀국해서는 같은 해 제국대학帝國大學 이과대학 교수가 되어 1917년까지 재임했다. 1891년 기후岐阜·아이치愛知를 중심으로 발생했던 노비濃尾 대지진을 계기로 하여 지진피해예방조사회를 설립. 위도관측소緯度觀測所와 항공연구소 설립, 로마자, 미터법의 보급에 공헌했다. 1944년 문화훈장 수장

다나카 요시오田中芳男[1838~1916] : 막부 말~메이지기의 박물학자博物學者 겸 농무農務 관료. 시나노국信濃國 이다飯田의 의사 다나카 뇨스이田中如水의 삼남. 이토 게이스케伊藤圭介에 입문해 의학과 박물학을 공부했다. 1862년 번서조소蕃書調所 물산학物産學 근무, 1867년 파리 만국박람회에 막부의 명에 따라 자신이 작성한 곤충 표본 50여 상자를 들고 참가했다. 1868년 개성소어용괘開成所御用掛, 세이미국舎密局 설립에 참여했다. 이때 세이미국을 박물관으로 하자고 건의했지만 실현되지 못한 채 우에노上野의 박물관, 동물원 설립에 힘을 썼다. 내국관업박물회內國勸業博覽會 심사관, 오스트리아, 미국 등 만국박람회 사무관을 역임, 식산흥업에 힘을 다했다. 1881년 농상무성農商務省 농무국장農務局長, 박물국博物局 겸직. 대일본농회大日本農會, 산림회山林會, 수산회水産會의 설립에 공헌. 도쿄학사회원東京學士會院 회원, 귀족원貴族院 의원議員, 남작男爵. 저서 『태서훈몽도해泰西訓蒙図解』, 『동물학 초편 포유류動物學初篇哺乳類』, 『동물훈몽 초편 포유류動物訓蒙初篇哺乳類』, 『유용식물도설有用植物図説』

다나카 히사시게田中久重[1799~1881] : 막부 말~메이지 시대의 발명가. 지쿠고筑後 구루메久留米 출신. 어릴 때부터 기계에 능했으며 오사

카, 교토로 나온 이후에는 운룡수雲龍水라 불리는 소화기消火器, 만
년시계 등을 발명했다.

다카노 조에이高野長英〔1804~1850〕: 에도 말기의 난학자. 무쓰국陸奧國
미즈사와水澤 출신. 이름은 유즈루讓, 호号는 즈이코瑞皐. 나가사키
에서 시볼트의 명롱숙鳴瀧塾에서 공부하고 에도에서 개업. 와타나
베 가잔渡辺崋山 등과 상치회尙齒會를 조직하여 개항론開港論을 주장
했다가 투옥되었지만 탈옥했다. 사와 산파쿠澤三伯이라 칭하면서
에도에 잠입해 의료와 번역에 전념했으나, 막부 신하에 습격을
당해 자살. 저서『꿈 이야기夢物語』외에 난서 번역도 많다.

다카마쓰 도요키치高松豊吉〔1852~1937〕: 응용화학자. 일본 근대 화학공
업의 지도자. 에도江戶 아사쿠사淺草에서 태어나 서양학을 배우고
자 대학남교大學南校·개성학교開成學校를 거쳐 1878년 도쿄 대학교
이학부 화학과를 졸업하고 영국과 독일에 유학했다. 1882년 귀
국 후 도쿄 대학교 강사, 1884년 같은 학교 교수가 되었다. 그의
건의에 의해 이학부로부터 분리되어 공예학부工芸學部가 설립되었
다. 제국대학교가 설립되면서 같은 학교 공과대학 최초의 응용
화학 강좌 (석탄·염료) 를 담당했다. 1903년 시부사와 에이치澁
澤榮一의 부탁을 받고 도쿄 가스주식회사의 상무가 되었고
1909~1914년 사장을 역임했다. 1914년 농상무성에 설치된 화학
공업조사회의 필두위원筆頭委員이 되어 화학공업 육성정책에 진력
해 1915~1924년 도쿄 공업시험소 제2대 소장을 맡았다. 그 밖에
이화학연구소, 학술연구회의 등의 설립에 공헌했으며, 도쿄 화학
회, 공업화학회, 일본약학회 등의 회장과 임원을 역임해 일본 응
용화학의 원로로 불렸다.

다카미네 조키치高峰讓吉〔1854~1922〕: 메이지 다이쇼 시기의 화학자.
일본 화학 초창기의 근대적 화학자로 알려져 있다. 엣추국越中國
(도야마현富山縣) 다카오카高岡의 의사 다카미네 세이이치高峰精一의
아들. 11세에 나가사키로 유학하여 네덜란드어, 영어를 공부하고
훗날 교토, 오사카에서 의학을 배운 후 오사카의 세이미국에서

화학을 공부하면서 장래의 목표가 정해졌다. 유신 후 상경하여 1872년 공학료工學寮에 입학하고, 1879년에 공부대학교工部大學校를 졸업했다. 다음해부터 3년간 영국으로 유학하여 글래스고Glasgow를 중심으로 조사·연구를 계속했다. 1883년 귀국 후 실학實學을 목표로 하여 대학에 남지 않고 농상무성에 취직했다. 다음해 뉴올리언스의 만국공업박람회万國工業博覽會에 출장갔을 때 인산비료에 주목하고 그 국산화를 위해 시부사와 에이이치澁澤榮一, 오구라 기아치로大倉喜八郎 등과 도쿄 인조비료회사東京人造肥料會社를 설립하고, 동시에 미국에서는 특허업무에도 관심을 갖고 전매특허국專賣特許局 차장으로 발명에도 힘을 쏟게 되었다. 1890년 청주淸酒의 양조釀造에 있어 국균麴菌의 개량으로 특허를 따 미국의 위스키 양조기술을 발전시키기 위해 도미했다. 보리의 외피에서 원국元麴을 얻는 데 성공했지만 사업은 업자의 반대가 있어 실현되지 못했다. 그러나 이 연구의 부산물로 1894년에 효소의 복합체인 타카－다이아스타제Taka－Diastase의 추출에 성공해 파크－데이비스Parke－Davis에서 강력소화제로 발매되었다. 일본에서는 산쿄제약三共製藥을 1913년 창설하여 거기서 독점판매하게 되었다. 또한 1900년 소의 부신副腎에서 추출된 호르몬의 결정화에도 성공해 아드레날린이라는 명칭을 붙였다. 만년에는 미국으로 귀화했지만 일본의 과학기술 발전에도 뜻을 두어 국민과학연구소國民科學研究所 (훗날의 이화학연구소理化學研究所) 설립에도 관여해 일본의 학사원學士院 회원으로도 선발되었다.

다카시마 슈한高島秋帆〔1798~1866〕: 에도 후기의 병학자 겸 포술가. 일본 근대 포술의 시조. 나가사키 출신. 이름은 기미오미舜臣. 네덜란드인에게 난학·병학·포술을 배워 다카시마류高島流를 창시했다. 페리 내항을 계기로 강무소講武所 포술砲術 지남역指南役이 되었다.

다카하시 가쓰미高橋克己〔1892~1925〕: 다이쇼大正 시대의 농예화학자. 이화학연구소에 들어가 1922년에 비타민 A의 추출에 성공했다. 13년에는 스즈키 우메타로鈴木梅太郞와 함께 학사원상 수상. 와카

야마현和歌山縣 출신. 도쿄 제대 졸업

데라우치 유타카照內豊〔1873~1936〕: 메이지에서 다이쇼 시대 전기의 의화학자. 내무성 전염병연구소에 들어가 1904년 독일로 유학. 나중에 기타사토 연구소北里硏究所 의화학부장, 게이오 대학교 교수가 되었다. 각기병 연구로 알려졌다. 후쿠야마현福島縣 출신. 도쿄 제대東京帝大 졸업. 저서에 『의화학요강医化學要綱』, 『영양의 기초지식榮養の基礎知識』 등

데즈카 리쓰조手塚律藏〔1822~1878〕: 막부 말기부터 메이지 초기에 걸친 난학자. 17세부터 4년간 나가사키長崎의 다카시마 슈한高島秋帆에게 포술을 배우고, 다시 4년간 에도에서 쓰보이 신도坪井信道에게 난학을 배웠다. 1851년 사쿠라번佐倉藩에 불리어 난학 교관으로서 에도의 번저에서 교육을 개시. 나중에 새로운 사숙을 열었다. 영어의 중요성을 일찍부터 인식해 제자에게 강조하여 문하에서 니시 아마네西周, 미야케 히이즈三宅秀, 쓰다 센津田仙 등 우수한 학자를 배출했다.

도고 헤이하치로東鄕平八郞〔1847~1934〕: 군인. 해군대장. 원수元帥. 가고시마鹿兒島 출신. 러일전쟁에서 연합함대 사령관을 맡아 일본해 해전에서 발틱함대를 전멸시켰다. 후에 군령부장軍令部長, 동궁어학문소東宮御學問所 총재를 역임. 관직에 올라 러시아와 조선의 정황을 시찰했다. 저서 『해방화공신설海防火攻新說』

도쿠가와 모치나가德川茂德〔1831~1884〕: 막부의 다이묘大名. 마쓰다이라 요시타쓰松平義建의 5남. 1850년 미노美濃 다카스高須 번주藩主인 마쓰다이라松平 집안의 11대가 되었다. 1858년 근신처분을 받은 형 도쿠가와 요시카쓰德川慶勝의 뒤를 이어 종가宗家인 오와리尾張 나고야名古屋 번주 도쿠가와德川 집안 15대가 되었다. 후에 형 요시카쓰의 근신처분이 풀리자 그 아들 요시노리義宜에게 가독家督을 양보하고, 1866년 히토쓰바시一橋 집안을 계승해 모치하루茂榮라 개명했다.

도쿠가와 요시무네德川吉宗〔1684~1751〕: 에도 막부의 8대 쇼군 (재위

1716~1745). 기슈紀州 번주藩主 도쿠가와 미쓰사다德川光貞의 4남. 형들이 연이어 사망하여 기슈 번주가 되었고, 도쿠가와 이에쓰구德川家継의 뒤를 이어 도쿠가와 종가를 계승했다. 무예, 학문, 식산사업을 장려 (교호享保 개혁) 하여 막부 중흥을 이루었다.

마스다 다카시益田孝〔1848~1938〕: 실업가. 니가타新潟 출신. 대장성大藏省 조폐권두造幣權頭를 거쳐 미쓰이三井 물산에 근무하면서 미쓰이 재벌의 발전에 기초를 구축했다. 미술품의 수집가로도 알려져 있다.

마쓰모토 게이타로松本銈太郎〔1850~1879〕: 막부 말기에서 메이지 시대의 화학자. 마쓰모토 료준松本良順의 장남. 보드윈, 하라타마에게 배우고 1869년 네덜란드로 유학 후 세이미국 조교가 되었다. 1871년 베를린 대학의 호프만 교수 연구실에 들어가 1875년 일본인으로서 처음으로 독일 화학회의 기관지에 논문을 발표했다. 에도 출신.

마쓰모토 료준松本良順〔1832~1907〕: 서양의학자. 에도 출신. 사토 다이젠佐藤泰然의 차남. 막부의 명령에 의해서 나가사키에서 폼페에게 수학하고 에도로 돌아온 후에는 의학소医學所 이사. 후에 메이지 신정부의 초대 육군 군의관 총독을 맡았다.

마쓰이 나오키치松井直吉〔1857~1911〕: 응용화학자. 농예화학자. 미노美濃 오가키大垣 출신. 대학남교大學南校를 졸업 후, 1875년 문부성 제1회 해외유학생으로 도미하여 콜롬비아 대학교 광산학과에서 공부했다. 귀국 후 1882년 도쿄대 교수가 되어 이학부에서 화학을 가르쳤다. 1891년 이후 오랫동안 제국대학 농과대학 학장을 맡았으며, 그 사이 도쿄대 총장, 문부성 전문학무국專門學務局 국장도 겸임하는 등 문부행정에 진력했다. 도쿄 화학회 회장을 5회에 걸쳐 맡았다. 『아리타有田 도토陶土 실험기』, 『원자설의 연혁』, 『전기분해』, 『장뇌樟腦의 구조』 등 화학 보고가 있다.

마에노 료타쿠前野良澤〔1723~1803〕: 에도 중기의 난학자 겸 의사. 부젠豊前 나카쓰中津 번의藩医. 아오키 곤요青木昆陽에 사사하고 네덜란드어를 배웠다. 스기타 겐파쿠 등과 네덜란드어판 『타펠 아나토미아 Tabulae Anatomicae』 번역으로 지도적 역할을 담당했다.

마지마 리코眞島利行〔1874~1962〕: 화학자. 교토 출신. 도호쿠東北 대학교 교수, 오사카 대학교 총장. 옻 외에 자근紫根·오두烏頭 등의 성분 구조를 규명. 문화훈장 수장.

마키무라 마사나오槙村正直〔1834~1896〕: 메이지기의 관료이자 정치가. 귀족원貴族院 의원, 남작男爵.

베르나르두스 빌헬무스 드와르스 Bernardus Wilhelmus Dwars〔1844~1880〕: 메이지기에 내일한 고용외국인. 네덜란드 약제사. 네덜란드 중부 즈볼레Zwolle 출생. 고향의 약국에서 근무하다가 1871년 약제사 자격시험에 합격했다. 암스테르담 대학교 문리학부 화학중독학 연구소의 조수가 되어 설탕분석국의 화학연구실에서 근무했다. 1873년 내일하여 오사카 이마바시今橋의 사영私營 서양식 약국인 정정사精精舎에 근무하며 약품 조사, 제약 등을 위촉받았고, 약학 교육도 실시했다. 실적을 인정받아 1875년 발족된 관립 오사카 사약장大阪司藥場에 정정사 동료들과 함께 참가했다. 1879년 2월에 임기가 만료되어 귀국해 암스테르담 설탕공장에서 근무했지만 1년도 지나지 않아 급사했다.

벤자민 칼 레오폴트 뮐러 Benjamin Carl Leopold Muller〔1824~1893〕: 메이지 초기에 내일한 고용 외국인. 독일인 의사. 마인츠Mainz 출생. 베를린 대학교 졸업. 육군 군의. 1856년부터 12년간 아이티Haiti에 있다가 일단 귀국. 1869년 일본이 독일 의학을 채택하면서 러시아공사 막시밀리안 폰 브란트Maximilian von Brandt에게 의뢰. 최초의 독일인 교사로 공사관 제공이라는 파격적인 조건으로 호프만과 함께 1871년 8월에 내일. 대학동교에 부임해 일본 의학과 의학 교육의 기초를 닦았다. 대학동교와 3년간의 계약기간 중에 예과 3년, 본과 5년, 라틴어와 독일어를 주로 하는 새로운 교육과정을 추진했다. 그때의 강의는 『치험록治驗錄』, 『의원잡지医院雜誌』로 출판되었다. 고무붕대Esmarch bandage, 기관절개술氣管切開術, 천공기穿頭器

등을 도입했다. 문부성의 지시가 미치지 않는 절대적인 권한과 높은 급여를 받고 1874년에 궁내성宮內省에 고용되었다. 이듬해 귀국해 베를린 폐병원廢兵院 원장을 맡았다.

미사키 쇼스케三崎嘯輔〔1847~1873〕: 막부 말기의 양학자洋學者이자 화학자化學者. 후쿠이번福井藩 출신. 1863년 에도에서 오도리 게이스케大鳥圭介에게 난학을 배웠다. 1865년 나가사키에서 하라타마를 만나 화학을 배우고 1869년에는 오사카에서 세이미국舍密局 개설과 함께 하라타마가 교감이 되고 미사키는 조교수가 되었다. 같은 해 하라타마가 강술講述하고 미사키가 번역한 『세이미국 개강지설舍密局開講之說』이 발표되었다. 이 책은 화학의 역사를 설명한 것이었다. 1871년에는 상경해서 대학동교大學東校 (도쿄대東大) 조교수가 되고, 5年 천황이 동교를 행행行幸했을 때는 일본의 전통 복장 차림으로 화학 실험과 강의를 했다고 전해진다.

미쓰쿠리 겐포箕作阮甫〔1799~1863〕: 막부 말기의 난의蘭医. 미마사카美作 출신. 이름은 겐주慶儒. 에도에서 우다가와 신사이宇田川榛齋에게 난학을 배우고 막부의 천문방天文方 번역괘翻譯掛, 번서조서蕃書調所 교수 등을 역임했다. 종두소種痘所 개설에 참여. 일미화친조약日米和親條約締結에 참가. 번역서에 『외과필독外科必讀』, 『해상포술전서海上砲術全書』 등이 있다.

미야케 히이즈三宅秀〔1848~1938〕: 메이지에서 다이쇼에 걸친 의학자. 에도 출신. 1863년에 견불사절遣仏使節에 동행. 1867년 영어 교사로 가나자와金澤, 나나오七尾에 부임. 영어와 불어에 능통했다. 1870년 대학동교大學東校 (도쿄대東大) 에서 병리학을 강의했다. 1886년 도쿄 제국대학 의과대 교수 겸 학장을 역임. 도쿄 대학 최초의 의학박사. 일본학사원日本學士院 회원, 귀족원貴族院 의원. 저서에 『병체부관시요病体剖觀示要』, 『치료통론治療通論』, 『건강장수법健康長壽法』이 있다.

반 덴 브룩 Van den Broek〔1814~1865〕: 네덜란드 의사. 1853년 내일해서 모니케Mohnike의 후임으로 나가사키 네덜란드 상관 의사가 되었

다. 나가사키 부교의 명으로 통역에게 화학, 물리, 측량, 제철 등
을 가르쳤으며, 후쿠오카번福岡藩과 오무라번大村藩, 가고시마번鹿兒
島藩 등의 번사에게도 무기, 증기기관의 제조법과 전기, 통신 등
을 가르쳤다. 1857년 귀국

사노 쓰네타미佐野常民〔1822~1902〕: 정치가이자 사회사업가. 사가 출신.
세이난西南 전쟁 때 박애사博愛社를 창립하고 나중에 일본적십자사
라 개칭해 초대 사장이 되었다. 원로원元老院 의장, 추밀고문관樞密
顧問官 등을 역임.

사카모토 료마坂本龍馬〔1836~1867〕: 막부 말기의 지사. 도사土佐 번사.
이름은 나오나리直柔. 검객 지바 슈사쿠千葉周作의 도장에서 검을
배우고, 번을 벗어나 가쓰 가이슈勝海舟에게 사사. 1866년 사쵸
동맹薩長同盟 성립에 진력을 다했다. 전 도사 번주인 야마우치 도
요시케山內豊信를 설득하여 태정봉환大政奉還을 성공시켰지만 교토
에서 암살되었다.

사쿠라이 조지櫻井錠二〔1858~1939〕: 화학자. 이시카와石川 출신. 영국에
유학해 베크만Beckmann의 끓는점 상승측정장치를 개량했다. 도쿄
대학 교수. 제국학사원帝國學士院 원장

스기우라 시게타케杉浦重剛〔1855~1924〕: 교육자. 오미近江 출신. 잡지
『일본인』, 신문 『일본』의 창간에 진력했다. 서구화주의에 반대
하고 일본주의를 주장했다. 일본중학교 교장, 동궁어학문소東宮御
學問所 어용괘御用掛를 역임. 저서『윤리어진강초안倫理御進講草案』등

스기타 겐파쿠杉田玄白〔1733~1817〕: 에도 후기의 난방의蘭方医. 와카사若
狹 오바마小浜 번의의 아들로 에도에서 출생했다. 마에노 료타쿠
前野良澤 등과『타펠 아나토미아 Tabulae Anatomicae』를 번역해『해체신
서解体新書』라는 이름으로 간행하는 등 서양의학을 널리 소개했
다. 저서에『난학사시蘭學事始』등이 있다.

스기다 세이케이杉田成卿〔1817~1859〕: 에도 후기의 난방의蘭方医. 와카
사若狹 오바마小浜 번의의 아들로 에도에서 출생했다. 마에노 료

타쿠前野良澤 등과 『타펠 아나토미아 Tabulae Anatomicae』를 번역해 『해체신서解体新書』라는 이름으로 간행하는 등 서양의학을 널리 소개했다. 저서에 『난학사시蘭学事始』 등이 있다.

쓰보우치 쇼요坪內逍遙〔1859~1935〕: 에도 후기의 난학자. 에도 출신. 겐파쿠玄白의 손자. 스보이 신도坪井信道에게 배우고 후에 번서조소蕃書調所 교수가 되었다. 역서에 『의계医戒』, 『제생삼방濟生三方』 등의 의학서와 『해상포술전서海上砲術全書』 등의 병학兵學, 이학理學, 사서史書가 있으며 난문蘭文에 『옥천기행玉川紀行』이 있다.

시마조노 준지로島園順次郎〔1877~1937〕: 내과학자. 특히 각기병 연구 권위자. 1905년 도쿄 제국대학교 의과대학을 졸업하고 미우라 긴노스케三浦謹之助의 내과학의국内科學医局에 들어갔다. 1911년 독일에 유학하여 신경병리학의 루드비히 에딩거Ludwig Edinger(1855~1918)에게 사사. 1913년 귀국. 오카야마岡山 의학전문학교 교수가 되었다가 이듬해 교토제국대학교 교수가 되어 내과학 담당. 1924년 모교 미우라 긴노스케의 후임 교수로 제1내과를 담당했다.

시마즈 겐조島津源藏〔1869~1851〕: 발명가이자 사업가. 교토 출신. 부친인 초대初代 겐조源藏를 이어 가업 (시마즈 제작소) 을 발전시키고 국산 축전지蓄電池의 공업적 생산에 성공하여 일본전지 (주식회사) 를 창업했다.

시마즈 나리아키라島津齊彬〔1809~1858〕: 에도 말기의 사쓰마薩摩 번주. 일찍부터 서양문물에 관심을 갖고 개국, 식산흥업을 막부에 제언했다. 쇼군 계승의 문제에서 히토쓰바시 요시노부一橋慶喜를 옹립해 이이 나오스케井伊直弼와 대립했다. 번내에서도 방적기계, 반사로反射爐 등을 설치해 식산을 장려했다.

시바 료카이司馬凌海〔1839~1879〕: 막부 말기에서 메이지 시대의 의사이자 양학자. 에도에서 마쓰모토 료호松本良甫, 나가사키에서 폼페에게 배우고 고향인 사도佐渡 (니가타현新潟縣) 에서 개업. 1868년 도쿄의 의학교 교수가 되었다. 영어·독일어 등 6개 국어에 능통하고 메이지 5년 일본 최초의 독일어 사전 『화양독일사전和洋獨逸辭

典』을 출판했다. 본성本姓은 시마구라島倉, 저서에 『칠신약七新藥』
등.

시바타 쇼케이柴田承桂〔1849~1910〕: 메이지 시대의 약학자, 유기화학자.
오와리尾張 (나고야名古屋) 번의藩医 나가사카 슈지永坂周二의 차남으
로 태어나 같은 번의 시바타 류케이柴田龍溪의 양자가 되었다. 번
의 공진생貢進生으로 대학동교에 입학해 1870년 문부성 제1회 유
학생으로 독일에 유학. 귀국 후인 1875년 5월 도쿄의학교東京医學
校 교수 (제약학) 로 취임, 내무성 위생국 어용괘, 도쿄·오사카
사약장장司藥場長 등을 역임했다. 병약한 이유로 관직을 사임한
후에는 저술과 번역에 전념했는데, 그의 책은 전국의 약학교에
서 오랫동안 교과서로 사용되었다. 화류병花柳病, 약제사藥劑師 등
의 번역어를 남겼다. 역저서에 『위생개론衛生槪論』(편저), 『부씨약
제학扶氏藥劑學』(역서), 『고물학古物學』(역서), 『유기화학有機化學』(공저)
등이 있다.

쓰보이 신도坪井信道〔1795~1848〕: 에도 후기의 난방의蘭方医. 미노美濃
출신. 에도에서 개업 후 하기번萩藩의 시의侍医. 문하에 오가타
고안緒方洪庵, 가와모토 고민川本幸民 등이 있다. 저서 『진후대개診
候大槪』 등

아사노 소이치로淺野總一郎〔1848~1930〕: 사업가. 도야마富山 출신. 시부
사와 에이이치澁澤榮一의 도움으로 관영官營 후카가와 시멘트공장
을 불하 받아 아사노 시멘트를 설립했다. 해운, 탄광, 조선 등의
사업을 다각화해 아사노 재벌을 구축했다.

아오치 린소青地林宗〔1775~1833〕: 에도 후기의 난학자. 마쓰야마松山 번
의藩医의 아들. 막부의 천문방天文方 역원譯員을 거쳐 미토水戸 번의
藩医가 되었다. 저서인 『기해관란氣海觀瀾』은 일본 최초의 물리학서

에노모토 다케아키榎本武揚〔1836~1908〕: 정치가. 에도 출신. 네덜란드에
유학. 귀국 후 막부의 해군 부교海軍奉行가 됨. 보신戊辰 전쟁에서
는 하코다테箱館의 고료카쿠五稜郭에 들어가 정부군과 교전했지만
항복. 특별사면되어 홋카이도北海道 개척사開拓使가 되었다. 훗날

러시아와의 사이에서 사할린樺太·지시마千島 교환조약을 체결. 문부文部·외무外務 등의 대신을 역임.

에드워드 다이버스 Edward Divers〔1837~1912〕: 영국의 화학자. 런던 출생. 고용 외국인 교사. 왕립화학학교에서 호프만 교수와 조교 크룩스에게 1년간 화학을 배웠다. 1866년 버밍엄의 퀸스 칼리지 등에서 약물학·물리학을, 미들섹스병원 의학교에서 법의학法医学을 가르쳤다. 이 동안에 탄산암모늄과 아질산염을 연구하여 하이포아질산염을 발견하는 등 업적을 남겼다. 1885년 무기화학 연구 업적으로 화학협회 회원에 선발되었다. 1873년 내일해서 문부성 공학료, 공부대학교에서 화학을 가르쳤다. 1886년 공부대학교가 도쿄 제국대학에 병합될 때 사쿠라이 조지櫻井錠二와 함께 이과대학 화학과 초대 교수가 되었다.

에드워드 킨치 Edward Kinch〔1848~1920〕: 메이지기에 내일한 고용외국인. 영국인 농예화학農芸化学 교사. 1876년 11월 내무성 권업료勸業寮의 초빙으로 내일해 고마바 농학교駒場農学校의 초대 화학교사가 되었다. 같은 학교 농학과, 수의학과 학생에게 화학, 농예화학을 교수하는 한편, 권농국勸農局 농학과農学課 분석괘分析掛의 지도자로서 토양, 비료, 음식물 등을 분석했다. 또한 고마바 농학교 농장에서 밭농사 비료 실험을 실시해 일본 농예화학 발전의 기초를 구축했다. 1881년 4월 영국으로 귀국하여 시런세스터Cirencester 농학교 화학교사로 활약했다. 1919년 7월에는 농학박사회의 추천으로 일본 문부대신으로부터 농학박사 학위가 수여되었다.

오가타 고레요시緒方惟準〔1843~1909〕: 막부 말기에서 메이지에 활동한 의학자. 오가타 고안緒方洪庵의 아들로 오사카에서 출생. 고안의 장남이 요절했기 때문에 12살 때 부친의 명에 의해 한학을 주로 하고, 난학을 종으로 하는 교육을 받았지만 난학에 전념하고자 하는 희망이 강해 에치젠국越前国 오노大野 (후쿠이현福井県 오노시大野市) 의 양학관장洋学館長 이토 신조伊藤慎蔵에게 갔다. 고안은 두 사람에게 인연을 끊는다고 고했는데, 3년 후에 '다시 용서를 받고 오사카로 돌아가는 은혜를 입었다'고 훗날 자서전에 기록한 바 있다. 그 후 나가사키에서 폼페, 보드윈, 하라타마에게 사사. 고안 사후 에도에서 의학소 교수医學所教授, 어번의사御番医師가 되었으며, 1866년 네덜란드의 유트레흐트 대학에 유학하다가 막부 붕괴 소식을 듣고 귀국했다. 1868년, 조정에 불리어 전약료典藥寮 의사가 되었으며, 의학소医學所가 재개되었을 때 이사가 되었다. 이어서 오사카의 의학전습어용괘医學伝習御用掛가 되어 오사카 가병원장大阪仮病院長, 오사카 의학교장大阪医學校長을 맡아 은사인 보드윈을 학교로 맞이했다. 1873년 학제 개혁으로 오사카 의학교가 폐교되면서 고레요시는 육군군의가 되었다. 오사카 진태병원 장大阪鎭台病院長, 군의학교장軍医學校長, 군의본부차장軍医本部次長을 거쳐 근위사단近衛師団 군의장軍医長을 마지막으로 1887년에 사임했다. 이후 오가타 일족이 협력해서 오사카에서 오가타 병원緒方病院을 창립해 고레나가가 원장이 되었다. 한편, 다카하시 마사즈미高橋正純 등과 함께 자혜병원慈惠病院을 설립해 사회복지에 기여했다.

오가타 고안緒方洪庵[1810~1863] : 에도 후기의 난학자이자 의사 겸 교육자. 비추備中 출신. 에도와 나가사키에서 의학을 배우고 의업과 함께 난학 학습소蘭學塾 (적숙適塾) 를 열어 청년들을 교육했다. 종두 보급에 노력하는 등 일본의 서양의학 기초를 닦았다. 저서 『병학통론病學通論』 등 다수.

오모리 겐타大森憲太[1889~1973] : 다이쇼에서 쇼와 시대의 내과학자이자 영양학자. 1927년 게이오 대학 교수가 되었고 1930년 식양연구소食養研究所 주임, 1936년 대학병원장 역임. 다른 병원보다 앞서 환자급식제도를 도입했다. 일본영양 식량학회 초대 회장. 구마모토현熊本縣 출신. 도쿄 제대東京帝大 졸업. 저서에 『비타민론초ビタミン論抄』

오스카 켈르너 Oskar Kellner[1851~1911] : 킨치의 후임으로 1881년 내일해서 이후 12년간에 걸쳐 고마바 농학교, 도쿄 농림학교, 농과대학으로 발전해 나가는 동안 농예화학 교사로 농학교육에 진력했다. 농예화학과 재적생 중 57명의 졸업생을 배출했으며 그 가운데는 훗날 도쿄 제국대학교 총장이 되는 고자이 요시나오古在由直와 일본 농예화학계에서 활약한 우수한 인물들이 있다. 1892년 뫼커른Möckern 농사시험장 주임으로 취임하도록 고국인 독일로부터 부탁을 받고는 일본에 영주하려던 뜻을 꺾고 귀국했다. 켈르너의 일본에서의 공헌은 독일인 화학자 유스투스 폰 리비히J. v. Liebig가 제창한 '식물무기영양설植物無機榮養說'과 화학연구교육법을 일본에 소개한 점이다. 벼농사의 비료 실험, 인산 비료 분석 등은 일본의 벼농사 개량에 큰 영향을 미쳤다.

오시마 다카토大島高任〔1826~1901〕: 막부 말기부터 메이지 초기에 걸친 야금冶金 기술자. 무쓰陸奧 출신. 1857년 가마이시釜石 철광산에 서양식 용광로를 건설. 일본 근대 제철업의 기초를 닦았다.

오쿠보 도시미치大久保利通〔1830~1878〕: 정치가. 사쓰마번薩摩藩 출신. 토막파討幕派의 중심인물로 사초 동맹薩長同盟을 추진했다. 판적봉환版籍奉還, 폐번치현廢藩置縣을 감행하고 사이고 다카모리西鄕隆盛 등의 정한론征韓論에 반대했다. 참의參議, 대장경大藏卿, 내무경內務卿을 역임하고 메이지 정부에서 지도 역할을 담당했다. 불만을 품은 무사에 의해 암살되었다. 유신 삼걸三傑 중 한 사람

오키 다카토大木喬任〔1832~1899〕: 정치가. 사가佐賀 출신. 에토 신페이江藤新平와 함께 도쿄 천도를 주장해 도쿄부東京府 지사知事에 취임했다. 원로원元老院 의장, 추밀원樞密院 의장, 법무대신, 문부대신을 역임했다.

오토리 게이스케大鳥圭介〔1833~1911〕: 막부 말기의 군인이자 메이지 관료. 하리마국播磨國 (효고현兵庫縣) 아코군赤穗郡 아카마쓰촌赤松村의 의사 고바야시 나오스케小林直輔의 아들. 오카야마번岡山藩의 한곡횡閑谷黌에서 한학을 배우고 1852년 20세에 오사카에서 오가타 고안緖方洪庵에게 난학을 배웠다. 1854년 난방의蘭方医 쓰보이 쥬에키坪井忠益에게 입문했으며 1857년 이즈伊豆 니라야마다이칸쇼韮山代

官인 에가와 히데토시江川英敏의 사숙에서 서양병향을 배우고, 그 추천으로 에도 막부 철포방江戸幕府鐵砲方付 난서번역방蘭書翻譯方에 근무하게 되었으며, 그 후 1864년 보병차도역步兵差図役으로 근무 했다. 후에 보병두步兵頭, 보병 부교步兵奉行 등 막부 육군 간부의 길을 걸었다. 도바후시미鳥羽伏見 전투(1868)에서 막부군이 패배한 이후 주전론主戰論의 선봉으로 에도 개성江戸開城에 이의를 제기하고 구막부군을 인솔해서 관동, 동북에서 전투를 벌였다. 에노모토 다케아키榎本武揚 군과 합류하여 하코다테箱館의 '에조 공화국蝦夷共和國'에서 육군 부교陸軍奉行가 되었다. 그러나 1869년 5월 유신정부군의 총공격을 받아 항복했다 (하코다테 전투箱館戰爭). 2년반의 감옥생활을 마치고 개척사開拓使, 대장소승大藏少丞, 공부기감工部技監, 학습원장學習院長, 특명전권청국주차공사特命全權淸國駐箚公使, 추밀고문관樞密顧問官 등을 역임했다. 청국공사淸國公使 때에는 조선주차공사朝鮮駐箚公使도 겸해 동학당東學党의 난을 진압하기 위해 파견된 청국군 철병과 조선의 내정개혁에 일본이 개입할 것을 주장하여 청일전쟁의 발단이 되었다.

요시다 히코로쿠로吉田彦六郎[1859~1929] : 메이지에서 쇼와 전기에 걸친 화학자. 3고三高 교수를 거쳐 1898년 교토 제대京都帝大 교수가 되었다. 옻나무의 수액 속에서 산화효소의 존재를 추정했는데, 이것이 10년 후 프랑스에서 확인되어 라카아제laccase라 명명되었다. 빈고備後 (히로시마현廣島縣) 출신. 도쿄 대학교 졸업

요한 프레더릭 에이크만 Johann Frederik Eijkmann[1851~1915] : 네덜란드 약학자, 화학자. 메이지 시대에 내일하여 식물성분 연구에 유기화학과 영양분석 방법을 도입하여 일본 약학의 새로운 분야를 구축했다.

우에나카 게이조上中啓三[1876~1960] : 메이지에서 쇼와昭和에 걸친 시기의 화학자. 도쿄위생시험소를 거쳐서 1900년 뉴욕의 다카미네 조키치高峰讓吉의 조수가 되었다. 같은 해 다카미네와 함께 세계 처음으로 부신副腎에서 호르몬을 추출, 결정화하는 데 성공해 아

드레날린이라 명명했다. 효고현兵庫縣 출신

우에노 슌노조上野俊之丞〔1790~1851〕: 사진가. 나가사키 출신. 사진기를 처음으로 수입. 사쓰마薩摩 번주藩主 시마즈 나리아키라島津齊彬를 촬영한 사진은 일본인에 의한 최초의 사진이다.

우에노 히고마上野彦馬〔1838~1904〕: 막부 말기부터 메이지 시대에 걸쳐 서 활동한 일본의 사진가. 나가사키長崎 출신. 일본에 최초로 사 진관을 설립. 금성의 천체 사진과 세이난西南 전쟁, 사카모토 료 마坂本龍馬 등도 촬영했다. 일본 최초의 전쟁 사진가 (종군 카메라 맨) 으로 알려져 있다.

우에다 가쓰유키上田勝行〔1857~1903〕: 메이지 시대의 교육자. 교토의 구학사歐學舍에서 독일인 교사 루돌프 레만Rudolf Lehmann에게 독일 어를 배우고, 세이미국에서 바그너에게 이화학을 배웠다. 1879년 교토료병원京都療病院 의학교 (현재 교토부립 의대京都府立医大) 교 사 겸 약국장. 1884년 독일학교의 설립에 관계했으며 1892년 교 토의학교京都藥學校 (현재 교토약대京都藥大) 교주校主가 되었다. 교토 출신

우다가와 요안宇田川榕菴〔1798~1846〕: 에도 후기의 난학자 겸 의사. 오 가키大垣 번의藩医 에자와 요주江澤養樹를 아버지로 태어났다. 1811 년 쓰야마津山 번의이자 난학인인 우다가와 신사이宇田川榛齋의 양 자가 되어『소문素問』,『상한론傷寒論』등을 통해서 한방의학을 공 부하는 한편, 본초학本草學을 공부했다. 1816년에는 양아버지가 자연물전시회인 물산회物產會에 초청한 본초학자 이와사키 간엔岩 崎灌園 등과 교류하기 시작했으며, 1817년에는 네덜란드 상관장인 헨드릭 도프Hendrik Doeff(1803~17 재임)와 만난 것을 계기로 네덜 란드어를 본격적으로 배우기 시작했다.

우쓰노미야 고노신宇都宮鉱之進〔1834~1902〕: 막부 말기−메이지 시대의 난학자이자 화학기술자. 나고야名古屋 출신. 오와리번尾張藩 (나고 야名古屋) 의 서양식 포술가인 우에다 다테오키上田帶刀에게 배웠다.

포술의 기초로서 화학기술의 중요성을 인정하고 화학분석에 근거한 대포의 합금 제조를 지도했다. 우타가와 요안의 『세이미개종舍密開宗』으로부터 화학을 독학하고 1861년부터 번서조서의 정련방精鍊方에서 근무했으며, '화학'이라는 말을 도입해 1865년 정동방을 화학소化學所라 개칭했다. 유신 후에는 개성학교開成學校 교관을 거쳐 공부성工部省에 들어갔다. 1872년 구미로 출장, 기술 도입을 도모했으며 1874년 공부성의 후카가와深川 시멘트정련소에서 시멘트 제조실험을 했다. 또 내화耐火 벽돌제조 연구와 제조소 설립에 진력을 다하고 도요업陶窯業의 개량, 쪽[藍]의 제조, 주양酒釀 제법의 개량 등 메이지 초기 식산흥업에 기여했다.

윌리엄 엘리어트 그리피스 William Elliot Griffis〔1843~1928〕: 미국 출신의 고용외국인 교사. 이과 교사, 목사, 저술가, 일본학자. 메이지 초기에 내일해 후쿠이福井와 도쿄에서 교편을 잡았다. 귀국 후에는 일본을 소개하는 데 힘썼다.

이시구로 간지石黑寬治〔1824~1886〕: 막부 말기~메이지 시대의 무사이자 기술자. 히로세 겐쿄廣瀨元恭의 자습당時習堂에서 난학을 배우고, 히젠肥前 사가번佐賀藩의 정련방精鍊方 (이화학 연구공장) 에 초빙되어 증기선, 전신기를 연구했다. 나가사키 해군 전습소 제1기생. 1861년 막부의 견구사절遣歐使節의 일원으로 선발되었고 유신 후에는 공부성工部省에 근무했다. 단고丹後 (교토부京都府) 출신.

이와사 준岩佐純〔1836~1912〕: 메이지 시대의 의학자. 일본 근대 의학의 학제를 구축했다. 에치젠국越前國 (후쿠이현福井縣) 의 의사 겐케이玄珪의 장남. 쓰보이 신료坪井信良・쓰보이 호슈坪井芳州・사토 다카나카佐藤尙中 등에게 의학을 배웠다. 또 나가사키에 유학해서 폼페에게 사사, 1860년 후쿠이福井 번주藩主의 집시시의執匙侍医가 되었다. 1864년 다시 나가사키에서 보드윈에게 의학을 배웠다. 1869년 의학교 창립준비 어용괘御用掛가 되어 사가라 도모야스相良知安와 함께 의학교육제도의 모범을 독일에서 취할 것을 역설하고 실현시켰다. 저서 『급성병류집急性病類集』

이케베 게이타池部啓太〔1800~1871〕: 막부 말기의 서양식 병학자, 포술가. 히고肥後 (구마모토熊本) 번사. 나가사키長崎로 가서 스에쓰구 다다스케末次忠助에게 난학을 배우고 다시 병학자 다카시마 슈한高島秋帆의 아버지인 시게노리茂紀의 문하가 되어 오키노류荻野流, 덴산류天山流 포술을 체득하고, 1839년 고향에 돌아가 히고번肥後藩의 병제兵制 개혁에 진력했다. 또한 탄도학彈道學에 관해 조예가 깊어 일본 최초의 공기항력空氣抗力 측정에 의한 사척표射擲表를 저술했다. 1842년 다카시마 슈한의 의옥疑獄 사건에 연루되어 투옥되었지만, 옥중에서 옻기를 가루로 만들어 먹물로 만들고, 쥐를 잡아 그 꼬리로 붓을 만들어 이를 이용하여 삼각함수표의 『할원사선표割円四線表』와 뉴턴물리학 이론에 의한 『만동리원万動理原』도 집필했다.

이토 겐보쿠伊東玄朴〔1800~1871〕: 에도 말기의 난방의蘭方医. 히젠肥前 출신. 시볼트에게 사사하고 에도로 나와 개업. 우두묘牛痘苗에 의한 접종에 성공하고 동지들과 함께 종두소를 개설. 훗날 막부의 어용의사

이토 히로부미伊藤博文〔1841~1909〕: 정치가. 야마구치山口 출신. 요시다 쇼인吉田松陰에게 배우고 도막倒幕 운동에 참가했다. 훗날 메이지 헌법明治憲法 입안을 맡았다. 1885년 내각 제도를 창설하고 초대 총리대신이 되었다. 추밀원, 귀족원의 초대 의장을 역임했다. 러일 전쟁 후, 초대 한국 총감이 되었지만 하얼빈에서 독립운동가 안중근에게 암살되었다.

지카시게 마스미近重眞澄〔1870~1941〕: 메이지에서 쇼와昭和 전기에 걸친 화학자. 5고五高 교수를 거쳐 교토 제대京都帝大 교수. 무기화학, 유기화학을 연구해 이론화학의 발전을 위해 노력했다. 일본화학회 회장 역임. 도사土佐 (고치현高知縣) 출신. 제국대학 졸업

조지 마틴 George Martin〔생몰년 미상〕: 메이지기에 내일한 고용외국인. 독일인 생물학제약학자. 1874년 1월 요코하마 시약장橫浜試藥場 요원으로 고용되어 문부성 의무국 내에서 근무했지만 계획 변경으로

도쿄 시약장 (니혼바시日本橋의 임시청사)에서 근무하게 되었고, 같은 해 8월에는 도쿄 의학교 (간다神田 이즈미초和泉町) 구내에 본청사가 준공되어 이전했다. 같은 해 11월에는 사약장에 제약학과가 부설되어 도쿄 의학교東京医學校 제약학과製藥學科 학생의 지도를 맡았다. 1876년 9월부터 도쿄의학교 제약학과 식물학 교수 (1877년 개칭되어 도쿄의학부 제약본과製藥本科 교수) 가 되었지만 1879년 만기 해고되었다. 도쿄 사약장에서는 1874년부터 광천鑛泉 분석을 개시했다.

크리스티안 에이크만 Christiaan Eijkman〔1858~1930〕: 네덜란드 의학자. 네이케르크Nijkerk에서 출생하여 암스테르담에서 의학을 공부하고 1886년 각기조사단脚氣調査団에 참가하여 네덜란드령 동인도제도에 건너와 1888년 버테이비아Batavia에 신설된 병리학연구소장으로 취임했다. 세균학이 흥성했던 시대를 배경으로 해서 각기의 병원체 발견을 위해 노력했지만 성과가 없었다. 그러나 1896년 중반에 우연히 각기의 원인을 해명하게 되었다. 백미로 사육한 닭이 인간의 각기와 비슷한 다발성 신경염에 의해 마비를 일으켰고, 쌀겨를 먹이자 즉시 낫는다는 사실을 발견해 쌀겨 속에 필수 영양소가 존재한다는 사실을 확인함으로써 비타민 발견의 단서를 잡았다.

테오도르 호프만 Theodor Hoffmann〔1837~1894〕: 독일의 의사. 정부의 고용의사로 1871년 내일했다. 브로츠와프Wrocław 대학과 베를린 대학에서 공부하고 내과학內科學을 전공해 해군 군의가 되었다. 보불전쟁 때문에 예정보다 2년 늦게 내일했다. 일본이 독일 의학을 채용하기로 했을 때 초청된 최초의 의사 중 한 사람으로 동교東校 (도쿄 대학교 의학부의 전신) 에서 내과학, 병리학, 약물학 등을 교수했다. 1874년부터 궁내성宮內省에 고용되었으며 이듬해 귀국했다.

폼페 반 메르데르포르트 Pomepe van Meerdervoort〔1829~1908〕: 근대 의학교육을 일본에서 처음으로 조직적으로 실행했다. 네덜란드의 브

뤼헤Brugge에서 태어나 1849년에 유트레흐트의 육군의학교를 졸업했다. 3등군의로 임명되어 1850년부터 동인도회사의 군함에 승선했다. 1857년에 제2차 해군전습파견대의 2등군의로 간린마루를 타고 내일했다. 일본 측의 요망으로 의학을 가르치게 되어, 처음에는 나가사키 서역소西役所에서 마쓰모토 료준松本良順 등에게 물리, 화학, 식물학을 가리치고, 서양의학 교육이 기초적 학문으로부터 시작된다는 것을 알렸다. 또한 본격적인 의학 교육을 위해서는 병원이 필요하다고 막부에 건의하여 1861년에 나가사키 양생소와 나가사키 의학소를 완성케 했다. 1858년 콜레라가 크게 유행했을 때 방역 지도를 맡았다. 그의 교육 내용이 난학에 의한 서양의학과는 근본적으로 달랐기 때문에 전국에서 학생들이 몰려들었다. 직접 교육을 받는 자가 133명, 치료를 받는 자가 14,530명에 이른다. 1862년에 막부 유학생과 함께 귀국한 후에도 유학생들을 돌보았다. 헤이그에서 개업하고 적십자중앙위원회의 회원으로 보불 전쟁에서 적십자파견의료단 대표를 맡기도 했다. 『폼페 일본체재 견문기ポンペ日本滞在見聞記』(1866)를 저술하여 막부 말기의 일본을 구미에 소개했다.

프랭크 패닝 주잇 Frank Fanning Jewett〔1844~1926〕: 메이지기 내일한 고용 외국인. 미국인 화학 교사. 매사추세츠 출신. 예일 대학교 졸업 후, 독일의 괴팅겐Göttingen 대학교로 유학. 귀국 후 하버드 대학교의 화학교사로 근무하고 있던 중 일본정부에 초빙되어 도쿄 개성학교東京開成學校의 화학교사로 1876년 내일했다. 이어 도쿄대 이학부 화학교사가 되어 1880년까지 재직했다.

필립 프란츠 폰 시볼트 Philipp Franz von Siebold〔1796~1866〕: 독일의 의사, 박물학자. 1823년 네덜란드 상관 의관으로 내일. 나가사키의 명롱숙鳴瀧塾에서 진료와 교육을 맡아 많은 준재를 양성했다. 1828년 일본을 떠날 때 일본 지도의 해외반출이 발각되어 국외 추방되었다 (시볼트 사건). 1859년 다시 내일. 저서에 『일본日本』, 『일본동물지日本動物誌』, 『일본식물지日本植物誌』 등이 있다.

하가 다메마사와埋和爲昌〔1856~1914〕: 메이지기 화학자. 히추備中 (오카야마현岡山縣) 아사오번淺尾藩의 에도 저택에서 태어났다. 공부대학교 (도쿄대) 에서 다이버스에게 화학을 배우고 1881년에 졸업하면서 다이버스의 조수가 되어 무기화학 분야에서 다이버스와 협력하면서 아질산염亞硝酸塩과 황화수소로부터 하이드록실아민이 얻어지는 것을 처음으로 확인했다. 1932년에는 도쿄 제대 이학부 무기화학 교수가 되었다.

하라다 무네스케原田宗助〔1848~1909〕: 메이지 시대의 군인. 본래 사쓰마薩摩 가고시마鹿兒島 번사藩士. 1871년에 영국으로 유학해 해군기술을 공부했다. 1886년 해군대신海軍大臣 사이고 쓰구미치西鄕從道의 구미시찰에 수행. 1900년 해군조병창海軍造兵廠 총감總監이 되었다. 해군병학료海軍兵學寮 졸업.

하마오 아라타浜尾新〔1849~1925〕: 교육행정가. 효고兵庫 출신. 도쿄 대학교 총장, 귀족원貴族院 의원, 문부장관, 추밀원樞密院 의원 등을 역임

하라타마Koenraad Wolter Gratama〔1831~1888〕: 막부 말기에 내일한 네덜란드 화학자. 육군 군의. 일본의 이화학 교육 창시에 공헌했다. 네덜란드 아센Assen에서 태어나 위트레흐트 대학을 졸업하고 자연과학과 의학 학위를 받았다. 1865년 나가사키 양생소가 정득관이라 개칭되고, 다시 거기에서 분석구리소가 독립되면서 전임교사로 1866년 2월 내일했다. 나가사키 양생소 부속의 분석구리소, 에도 개성소, 오사카 세이미국에서 조직적으로 근대화학을 교수했다. 1871년 귀국

헤르만 리테르 Hermann Ritter〔1828~1874〕: 메이지기 내일한 고용외국인. 독일인 이화학 교사. 독일의 하노버 출신. 괴팅겐 대학교 졸업 후, 미국으로 건너가 화학공업에 종사한 후 독일에 귀국해서 학위를 취득했다. 1870년 가나자와번金澤藩에 초빙되어 내일한 후 오사카의 이학소에서 네덜란드인 하라타마의 후임자가 되었다. 1873년 도쿄로 나와서 개성학교 (도쿄대) 교사가 되었지만, 이듬

해 사망해 요코하마橫浜의 외국인 묘지에 매장되었다. 하라타마와 함께 일본 이화학 교육의 창시자이다.

헤르츠A. J. C. Geerts〔1843~1883〕: 네덜란드 약학자. 1869년 내일해서 나가사키 의학교長崎医學校 (현재 나가사키長崎 대학교) 의 이화학 교사가 되었다. 나중에 교토와 요코하마橫浜의 시약장司藥場 교사. 콜레라 방역대책 등에 공헌해「일본약국방日本藥局方」의 편집에 참가했다.

헨리 다이어 Henry Dyer〔1848~1918〕: 영국인 공학자. 메이지기 내일한 고용외국인. 일본의 공업 교육 창시에 공헌했다. 스코틀랜드 글래스고 교외의 보스웰Bothwell에서 직공의 아들로 태어났다. 17세 때 가족과 함께 글래스고로 나와 일하면서 앤더슨즈 칼리지Anderson's College의 야학에서 공부했다. 이후 글래스고 대학에 진학해 근대 공학의 아버지라 불리는 윌리엄 존 매퀀 랭킨William John Macquorn Rankine 교수의 애제자로 우수한 성적을 거두어 랭킨 교수의 추천으로 24세의 젊은 나이에 공부성工部省 공학료工學寮의 도검都檢으로 1873년 6월에 내일했다. 공부대학교工部大學校에서는 당시 유럽의 이론을 중시하는 학교제도와 영국의 전통적인 실험 중시 교육방침을 접목해서 세계에 유례가 없는 공업교육 제도를 만들어 메이지明治의 공업계를 짊어질 실학實學 인재를 육성했다. 공부대학교는 당시 재류하고 있던 외국인들 사이에서 Dyer's College라 불렸으며 영국에 Imperial College of Engineering, Tokei라고 소개되어 주목을 받았다. 또한 토목학, 기계학 수업을 담당해서 다나베 사쿠오田辺朔郎 등 많은 제자를 배출했다. 1882년에 글래스고 대학 교수에 응모하기 위해 귀국했지만 교수 전형에 2회 실패한 후 앤더슨즈 칼리지 등 지역의 교육기관을 통합해 Glasgow and West of Scotland Technical College 창설에 기여하여 일본에서 얻은 교육의 성과를 환원했다. 글래스고 시교육위원회의 위원장으로 근무하는 등 교육개혁에 종사한 외에 사회개혁가로서도 활약했다. 만년에 저술한 2권의 일본연구서『Dai

Nippon』(1904)과 『Japan in World Politics』(1909)는 실증성이 높은 본격적인 일본연구서로서 일본의 국가진화를 높이 평가했다. 일본에서 번역된 『산업진화론産業進化論』 등 다수의 저서와 논설이 있다.

호리에 구와지로堀江鍬次郎〔1831~1866〕: 막부 말기의 사진가이자 화학자

후쿠이 겐이치福井謙一〔1918~1998〕: 화학자. 나라奈良 출신. 1952년 모든 화학반응에 관해서 설명이 가능해진 프런티어 전자 궤도 이론 frontier orbital theory을 제창했다. 1981년 문화훈장 수장. 같은 해 일본인 최초 노벨화학상 수상

히라가 요시미平賀義美〔1857~1943〕: 메이지에서 다이쇼 시대에 걸친 응용화학자. 영국으로 유학해서 염색을 연구했다. 1881년 도쿄직공학교東京職工學校 (현재 도쿄공업대東京工業大) 교사. 1894년 오사카부립 상업진열소장大阪府立商品陳列所長이 되어 직물공업계 발전에 헌신했다. 1917년 오사카실업협회大阪實業協會 회장. 지쿠센筑前 출신. 도쿄 대학교 졸업. 구성舊姓은 이시마쓰石松

참고문헌

『日本の化學百年史 ―化學と化學工學の步み―』 日本化學會編、東京
　　化學同人(1978)

井本稔 『日本の化學 ―100年のあゆみ―』 日本化學會編、東京化學同
　　人(1978)

奧村久揮『江戶の化學』玉川選書 121、玉川大學出版部(1980)

『化學アーカイブズ ―化學總合資料館設立へ―』 化學敎育協議會・日
　　本化學會(2004)

1. 일본의 화학은 우다가와 요안에 의해 시작되었다 ―『세이미 개종
   舍密開宗』―

　　宇田川榕菴 『舍密開宗―復刻と現代語譯・注―』 田中實校注、講
　　　　談社(1975)

　　芝哲夫「日本の化學を開いた『舍密開宗』」化學、53(10)、21(1998)

　　芝哲夫 「杏雨書屋藏宇田川榕菴資料(1)化學」 杏雨、創刊号、55、
　　　　武田科學振興財団(1998)

2. '화학'이라는 말을 처음 사용한 가와모토 고민

　　川本幸民『化學新書』化學古典叢書 1～3、化學史學會編、紀伊國
　　　　屋書店(1998)

　　川本幸民『兵家必讀舍密眞源 1～9』化學古典叢書 4～5、化學史
　　　　學會編、紀伊國屋書店(1998)

3. 나가사키에 있어서 반 덴 브룩의 화학 전수-규슈 여러 번의 화학 기술-

　「舍密便覽・舍密便覽オランダ語原本」『幕末彩色史料』 化學古典叢書第2期、化學史學會編、紀伊國屋書店(2002)

4. 일본 최초의 화학 강의록『폼페 화학서』

　『ポンペ日本滯在見聞記—日本における五年間—』沼田次郎・荒瀬進共譯、新異國叢書 10、雄松堂書店(1968)

　『ポンペ化學書—日本最初の化學講義録—』芝哲夫譯、化學同人(2005)

5. 일본 사진술의 시조 우에노 히코마 -『세이미국 필휴』-

　上野彦馬『舍密局必携』復刻版、産業能率短期大學出版部(1976)

　八幡政男 『評伝上野彦馬—日本最初のプロカメラマン—』 武藏野書房(1993)

6. 일본 최초의 외국인 화학교사 하라타마

　芝哲夫「ハラタマと日本の化學」科學史研究、18(1)、1(1982)

　芝哲夫「開成所の科學者たち」學士會會報、841、16(2003)

7. 오사카에 개설된 세이미국

　芝哲夫「大阪舍密局史」大阪大學史紀要、第1号、33(1981)

　芝哲夫 『オランダ人の見た幕末・明治の日本—化學者ハラタマ書簡集—』栄根出版(1993)

8. 세이미국에서 키워낸 일본 화학의 개척자들

　「岸本一郎の事蹟」大藏省印刷局(1964)

　芝哲夫 「明治の化學者の國際結婚—西川虎之助—」 近畿化學工業界、50(8)、1(1998)

芝哲夫「日本の化學とオランダ」化學、55(4)、27(2000)

9. 교토 세이미국을 설립한 아카시 히로아키라

田中綠紅『明治文化と明石博高翁』明石博高翁顯彰會(1942)

10. 우쓰노미야 사부로가 일본에 화학공업을 개척하다

『宇都宮氏経歴談』交詢社編(1902)；增補版汲古會(1932)

鎌谷親善『日本近代化學工業の成立』朝倉書店(1989)

11. 일본의 제철사업을 시작한 오시마 다카토

大島信藏『大島高任行實』1938

半澤周三『日本製鐵事始大島高任の生涯』新人物往來社(1974)

12. 일본 화학의 발족에 공헌한 정부 고용 외국인들

植田豊橘編 『ドクトル・ゴットフリートワグネル伝』 博覽會出版
協會(1925)

『ワグネル先生追憶集』故ワグネル博士記念事業會編(1938)

『國立衛生試驗所百年史』國立衛生試驗所(1975)

13. 일본의 화학회를 만든 사람들

櫻井錠二遺稿『思出の數々』九和會(1940)

『工學博士高松豊吉伝』鴨居武編、化學工學時報社(1932)

廣田鋼藏 『明治の化學者―その抗爭と苦澁―』 科學のとびら 3、
東京化學同人(1988)

14. 화약으로 일본을 구한 화학자시모세 마사치카

芝哲夫 「歷史に學ぶ―明治の日本の化學者たち―」 有機合成化
學、48(8)、50(1990)

15. 세계에서 처음으로 호르몬을 결정으로 분리한 다카미네 조키치

『高峰博士の面影』高峰讓吉博士顯彰會(1961)

アグネス・デ・ミル・プルード 『高峰讓吉伝─松楓殿の回想─』
山下愛子譯、雄松堂出版(1991)

飯沼和正・菅野富夫 『高峰讓吉の生涯─アドレナリン發見の眞實
─』朝日選書 666、朝日新聞社(2000)

16. 일본의 약학을 개척한 나가이 나가요시

金尾清造『長井長義伝』日本藥學會(1960)

『長井長義長崎日記』德島大學藥學部長井長義資料委員會編(2003)

『長井長義ベルリン日記』 德島大學藥學部長井長義資料委員會編
(2005)

17. 우마미의 화학성분 "아지노모토"를 발견한 이케다 기쿠나에

『池田菊苗博士追憶錄』池田菊苗博士追憶會(1956)

廣田鋼藏 『化學者池田菊苗─漱石・旨味・ドイツ─』 科學のとび
ら 20、東京化學同人(1994)

18. 최초로 비타민을 발견한 스즈키 우메타로

『鈴木梅太郎』鈴木梅太郎博士顯彰會編、朝倉書店(1967)

齋藤實正『オリザニンの發見鈴木梅太郎伝』共立出版(1977)

색인

〈ㄱ〉

가나모리 긴켄金森錦謙 88

가와노 데이조河野禎造 36

가와모토 고민川本幸民 25, 58, 82

각기병 147

고자이 요시나오古在由直 146

구하라 미쓰루久原躬弦 94, 96, 98, 106

기시모토 이치로岸本一郎 71

〈ㄴ〉

나가요 센사이長与專齋 44

나가이 나가요시長井長義 54, 68, 103, 129, 130

노요리 료지野依良治 127

〈ㄷ〉

다나카 다테아이키쓰田中舘愛橘 91

다이엘 121

다카마쓰 도요키치高松豊吉 112

다카미네 조키치高峰讓吉 63, 100, 119

데즈카 리쓰조手塚律藏 88

〈ㄹ〉

라카아제laccase 111

(로버트 윌리엄) 앳킨슨Robert William Atkinson 93, 110

〈ㅁ〉

마쓰모토 게이타로松本銈太郎 63, 67, 131

마쓰모토 료준松本良順 43, 44

마쓰이 나오키치松井直吉 96

마에노 료타쿠前野良澤 14

무기화학無機化學 26, 28

무라하시 지로村橋次郎 136

미사키 쇼스케三崎嘯輔 61, 69

〈ㅂ〉

바그너G. Wagener 77, 98

반 덴 브룩Van den Broek 35

베르나르두스 빌헬무스 드와르스Bernardus Wilhelmus Dwars 104

보드윈 60

비타민vitamin 149

〈ㅅ〉

사쿠라이 조지櫻井錠二　94, 96,
　108, 138

세이미舍密　17, 26

『세이미 개종舍密開宗』　13, 17,
　23, 29, 51, 81

『세이미 편람舍密便覽』　36

세이미국舍密局　51, 59, 60, 67,
　120, 131, 136

『세이미국 개강지설舍密局開講之說』
　61, 70

『세이미국 필휴舍密局必携』　48,
　51, 87

스즈키 우메타로鈴木梅太郎　145

시마즈 겐조島津源藏　78

시마즈 나리아키라島津齊彬　32,
　40, 49

시모세 마사치카下瀨雅允　100,
　114

시모세 화약下瀨火藥　114

시키미산　103

쓰보이 신도坪井信道　32

〈ㅇ〉

아드레날린　119, 124, 125, 126

아베르산aberic acid　148

아지노모토味の素　136, 143, 144

아카시 히로아키라明石博高　75

에드워드 다이버스Edward Divers
　100, 121

에드워드 킨치Edward Kinch　104

오가타 고레요시緒方惟準　44

오가타 고안緒方洪庵　32, 62, 71,
　89, 120

오리자닌Oryzanin　148

오사카 개성학교　136

오스카 켈르너Oskar Kellner　104

오시마 다카토大島高任　87, 116

오키 다카토大木喬任　91

요시다 히코로쿠로吉田彦六郎　110

요한 프레더릭 에이크만Johann
　Frederik Eijkmann　103

(우다가와) 요안　15, 16, 18, 28,
　51

우루시올Urushiol　110

우마미旨味　140, 143

우쓰노미야 사부로宇都宮三朗　81

우에나카 게이조上中啓三　119,
　126

우에노 히코마上野彦馬　44, 48,
　54, 87, 129, 130

윌리암손A. Williamson　96

윌리엄 엘리어트 그리피스William
　Elliot Griffis　93

유기화학有機化學　26, 27

이케다 (기쿠나에) 池田菊苗　136,
　139, 143, 144

이토 겐보쿠伊東玄朴　88

『이화신설理化新說』　63

일신당日新堂　91

185

〈ㅈ〉

적숙遍塾　32, 39, 69, 71, 89, 120

〈ㅋ〉

(크리스티안) 에이크먼Christiaan
　Eijkman　147, 149

〈ㅌ〉

타카-디아스타제Taka-diastase　122

『타펠 아나토미아Tabulae Anatomicae』
　14

〈ㅍ〉

폼페 (반 메르데르포르트) Pompe
　van Meerdervoort　42, 48, 129

『폼페 세이미서朋百舍密書』　44

『폼페 화학서』　52

프랭크 패닝 주잇Frank Fanning Jewett
　98

피크르산Picric acid　116

필립 프란츠 폰 시볼트Philipp Franz
　von Siebold　35

〈ㅎ〉

하라타마K. W. Gratama　55, 60, 63,
　67, 83, 84, 94, 120

『해체신서解体新書』　14

(헤르만) 리테르Hermann Ritter　64,
　93, 120

헤르츠A. J. C. Geerts　77, 102

헨리 다이어Henry Dyer　100

호리에 구와지로堀江鍬次郎　48

『화학신서化學新書』　25, 58, 82

옮긴이 후기

이 책은 『日本の化學の開拓者たち』芝哲夫著, 裳華房, 2006 의 완역으로, 막부 말기부터 근대에 걸쳐 네덜란드를 위시로 한 서양으로부터 화학이 도입된 경위와 성과를 다룬 것이다. 일본이 근대화되는 여명기에 화학을 도입한 인물들에 초점을 맞추어 그들의 높은 의지와 뜨거운 열정 그리고 노고의 궤적을 되짚고 있어 단순히 과학사에 그치지 않는 일본 근대사의 일단을 엿볼 수 있다.

저자가 서문에 언급 했듯이 최근 일본에서 노벨 과학상 수상이 이어지고 있다. 이러한 성과는 결코 우연이 아니며 그동안의 역사가 키워온 결과라는 것을 잊어서는 안 된다. 끊임없이 역사로부터 배워야할 이유이다.

이 책이 흥미로운 것은 그 때문만은 아니다. 오랫동안 화학을 공부해오면서 현재 우리가 사용하는 용어와 화합물명이 언제 어떻게 생겼는가 하는 의문을 가져 왔다. 이 책을 통해서 이런 의문이 분명해 졌다. 여명기에 일본 화학의 개척자들이 화학을 받아들이면서 서양 용어와 화합물명을 원어대로 충실하게 옮기려고 시도한 노력의 결과이다. 다행이라고 해야 할 지(?) 만약에 중국식 명명을 따랐으면 엄청난 혼란이 초래했으리라 예측된다. 화학분야에 종사하는 모든 연구자들과 공부하는 학생들에게 일독을 권하고 싶다.

끝으로 이 책의 번역출판에 지원해 주신 일본국제교류기금과 전파과학사 손영일 사장님께 깊은 감사의 마음을 전한다.

2012년 8월

옮긴이

지은이 **시바 데쓰오** 芝哲夫

　　　　1924년 히로시마廣島 출생

　　　　1946년 오사카 제국대학 이학부 화학과 졸업

　　　　1971년 오사카 대학 이학부 교수

　　　　1988년 오사카 대학 명예교수

　　　　　　　(재)단백질연구장려회 펩티드연구소 소장

　　　　1991년 화학사학회 회장

　　　　2006년 간사이 일란 협회關西日蘭協會 회장

옮긴이 **허태성** 許泰聖

　　　　이학박사

　　　　가톨릭대학교 화학과 명예교수

일본 화학의 개척자들*

찍은 날 : 2012년 8월 25일
펴낸 날 : 2012년 8월 31일

지은이 : 시바 데쓰오
옮긴이 : 허태성
펴낸이 : 손영일

펴낸 곳 : 전파과학사

출판등록 : 1956. 7. 23 (제10-89호)
주소 : 120-824 서울 서대문구 연희2동 92-18
전화 : 02-333-8855 / 333-8877
팩스 : 02-333-8092
홈페이지 : www.s-wave.co.kr
전자우편 : chonpa2@hanmail.net
ISBN : 978-89-7044-277-8 03430

* 이 책은 일본국제교류기금 출판조성사업의 지원을 받아
제작되었습니다